智能变电站二次设备硬件开发

徐丽青　陈新之　著

东南大学出版社
SOUTHEAST UNIVERSITY PRESS
·南京·

内 容 简 介

本书主要从可靠性、电磁兼容性、最优化、一致性方面，采用项目管理知识架构，总结智能变电站二次设备硬件开发在理论分析、软件仿真、原理图与PCB设计、实验验证等方面的输入、工具与技术和输出，归纳硬件开发的基础理论知识及构成硬件开发的四大类设计——可靠性设计、电磁兼容性设计、最优化设计、一致性设计，形成一套比较完善的硬件开发技术体系。

通过运用上述四大类设计方法，可以提高智能变电站二次设备产品开发效率，缩短产品开发周期，提高产品开发质量，降低产品开发成本，从而适应激烈的市场竞争，更好地帮助从事硬件开发的工程师。

本书具有较强的实用性，适合从事电力系统二次设备产品开发、设计、生产、管理、运维的电气工程师和EMC工程师使用，也可供高等学校电子、电气类专业的学生参考。

图书在版编目(CIP)数据

智能变电站二次设备硬件开发 / 徐丽青，陈新之著.—南京：东南大学出版社，2018.7

ISBN 978-7-5641-7838-3

Ⅰ.①智… Ⅱ.①徐… ②陈… Ⅲ.①智能系统-变电所-二次系统-硬件-开发 Ⅳ.①TM63

中国版本图书馆CIP数据核字(2018)第141200号

智能变电站二次设备硬件开发

出版发行	东南大学出版社
社　　址	南京四牌楼2号(邮编：210096)
出 版 人	江建中
责任编辑	吉雄飞(联系电话：025-83793169)
经　　销	全国各地新华书店
印　　刷	虎彩印艺股份有限公司
开　　本	700mm×1000mm　1/16
印　　张	10.25
字　　数	201千字
版　　次	2018年7月第1版
印　　次	2018年7月第1次印刷
书　　号	ISBN 978-7-5641-7838-3
定　　价	36.00元

本社图书若有印装质量问题，请直接与营销部联系，电话：025-83791830。

前　言

硬件开发就是研究硬件平台系统的产品设计方法，是一项复杂的系统工程。由于硬件开发周期长、生产成本高，如何提高开发效率、加快产品入市，是每个企业和工程师面临的首要问题。

本书系统阐述了智能变电站二次设备硬件平台的开发设计方法，并给出了工程项目案例。全书共分为12章：

第1章介绍智能变电站二次设备硬件平台的特点，提出四大类设计方法，即可靠性设计、电磁兼容性设计、最优化设计、一致性设计，并分析了它们之间的相互关系。

第2章介绍硬件平台系统可靠性基础知识。

第3章介绍CPU硬件系统，分析了变电站综合测试系统——ZYNQ硬件平台的设计思路及方法。

第4章介绍I/O硬件系统，分析了智能变电站装置类常用的开入回路、开出回路、互感器回路、A/D回路、D/A回路的设计方法。

第5章介绍硬件平台系统电磁兼容性基础知识。

第6章介绍静电放电抗扰度试验的特点，分析了PNL回路抗静电放电干扰的设计方法。

第7章介绍电快速瞬变脉冲群抗扰度试验的特点，分析了电压互感器回路、IGBT驱动回路抗电快速瞬变脉冲群干扰的设计方法。

第8章介绍浪涌抗扰度试验的特点，分析了继电器开出回路、IGBT开出回路抗浪涌干扰的设计方法。

第9章介绍阻尼震荡波抗扰度试验的特点，分析了积分回路抗阻尼震荡波干扰的设计方法。

第10章介绍工频磁场抗扰度试验的特点，分析了电流互感器回路抗工频磁场干扰的设计方法。

第11章介绍最优化基础知识，分析了开入回路在最坏情况下的设计方法以及积分回路中元器件参数的最优化设计方法。

第12章介绍一致性基础知识，建立连接器接触阻抗仿真模型，分析了一致性检查的设计方法。

本书具有较强的实用性，适合从事电力系统二次设备产品开发、设计、生产、管理、运维的电气工程师和EMC工程师使用，也可供高等学校电子、电气类专业的学生参考。

在本书编写过程中，作者查阅了大量文献，并得到了南京国电南自电网自动化有限公司研发中心陈庆旭、岳峰、周兆庆、石建、史志伟、吴焱、叶品勇、潘可等同事的大力支持和帮助，在此向他们表示真诚的感谢。

由于作者水平有限，书中难免会有错误和疏漏之处，欢迎广大专家和读者指正。电子邮箱：xuliqing28@126.com。

徐丽青
2018年3月于南京

第一篇　引　论

第二篇　可靠性设计

第三篇　电磁兼容性设计

第四篇 最优化设计

第五篇 一致性设计

第六篇 附 录

第一篇

引　论

本篇仅有1章(第1章),主要介绍智能变电站二次设备硬件平台的特点,提出硬件开发的四大类设计方法,并采用项目管理的“输入、工具与技术和输出”模型分析了四大类设计的特点及相互关系。

1 引论

1.1 智能变电站概述

1.1.1 背景

21世纪以来，随着IEC 61850标准的不断推广及光纤网络通信的快速发展，为基于模拟信号、电缆连接 、数据繁杂的传统变电站转变为数字信号、光纤连接、数据统一的智能变电站提供了强有力的理论支撑。目前，智能变电站的建设已由理论研究阶段走向工程实践阶段，智能变电站必然是未来变电站自动化系统发展的趋势①。

在Q/GDW 383—2009《智能变电站技术导则》中给出了智能变电站的定义：采用先进、可靠、集成、低碳、环保的智能设备，以全站信息数字化、通信平台网络化、信息共享标准化为基本要求，自动完成信息采集、测量、控制、保护、计量和监测等基本功能，并可根据需要支持电网实时自动控制、智能调节、在线分析决策、协同互动等高级功能的变电站。

智能变电站概念示意图如图1-1所示。智能变电站有比常规变电站范围更

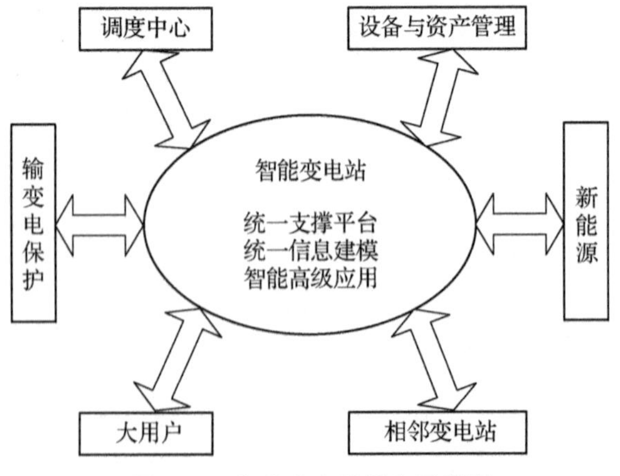

图1-1 智能变电站概念示意图

① 刘振亚.智能电网技术[M].北京：中国电力出版社，2010.

宽、层次和结构更复杂的信息采集和信息处理系统，其信息交互能力更强，集成化程度更高，维护性能更可靠①。

1.1.2 IEC 61850 标准

变电站自动化系统在我国应用发展十多年来，为保障电网安全经济运行发挥了重要作用。但是，变电站自动化系统还面临许多问题，如常规互感器的动态测量范围存在局限性，通信标准的不统一导致站内信息难以高效共享，二次设备间互操作困难等。这些问题限制了变电站自动化系统的进一步发展。

IEC 61850 标准是新一代变电站通信网络和系统协议，通过对站内设备的数据对象统一建模，采用面向对象技术和抽象通信服务接口，实现变电站内不同厂商间 IED 的互操作性和可扩展性。该标准主要涵盖了以下四个方面：

(1) 采用面向对象的数据建模方法，定义了基于服务器/客户机结构的数据模型；

(2) 从变电站自动化通信系统的通信性能要求出发，定义了变电站自动化系统功能模型；

(3) 定义了数据访问机制和向通信协议栈的映射，在间隔层与过程层合并器设备采用 IEC 61850-9-2 通信协议，在间隔层与过程层智能接口单元采用 GOOSE 通信协议，在站控层与间隔层保护测控等设备采用 IEC 61850-8-1 通信协议；

(4) 定义了基于 XML 的结构化语言，描述了变电站和自动化系统的拓扑以及 IED 结构化数据，为验证互操作性提供了一致性测试。

IEC 61850 标准按照变电站自动化系统所要实现的监视、控制和继电保护三大功能，在逻辑结构上分为三层——过程层、间隔层和站控层，各层结构及逻辑接口的关系如图 1-2 所示②。

在图 1-2 中，各层间的通信接口定义如下：① 间隔层和站控层之间保护数据交换；② 间隔层与远方保护之间保护数据交换；③ 间隔层内数据交换；④ 过程层和间隔层之间采样数据交换；⑤ 过程层和间隔层之间控制数据交换；⑥ 间隔层和站控层之间控制数据交换；⑦ 站控层与远方主站之间数据交换；⑧ 间隔之间直接数据交换；⑨ 站控层内数据交换；⑩ 变电站装置和远方控制中心之间控制数据交换。

IEC 61850 标准提供了变电站自动化系统功能建模、数据建模、通信体系，以及变电站自动化系统工程和一致性测试，是国际标准组织发布的最新变电站自动化系统标准，旨在统一目前一个或多个厂家制造 IED 之间的互操作。

---

① 郑玉平. 智能变电站二次设备与技术[M]. 北京：中国电力出版社，2014.

② 高翔. 数字化变电站应用技术[M]. 北京：中国电力出版社，2008.

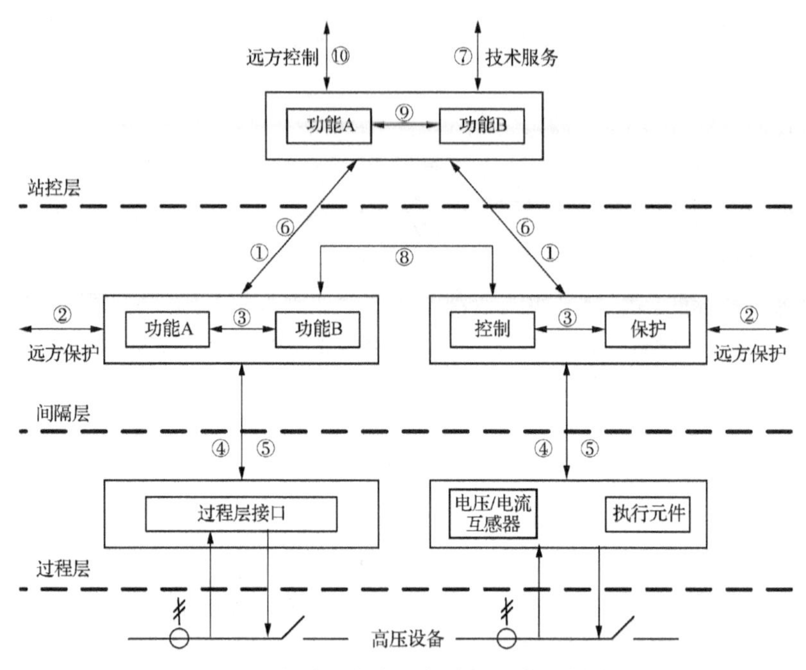

图 1－2　智能化变电站自动化系统结构模型

1.1.3　智能变电站特点

与传统变电站相比，智能变电站采用统一的 IEC 61850 系列标准，用光缆代替电缆，站控层与过程层信息传输基于光纤通信方式，分为 SV 传输和 GOOSE 传输两类（见图 1－3）。两种模型报文的传输都是采用以太网方式，符合 ISO 网络七层协议。

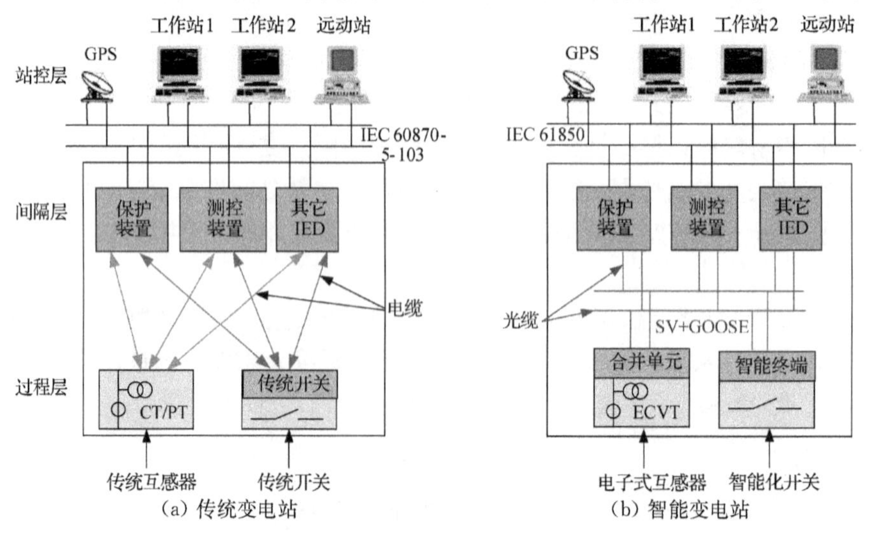

图 1－3　传统变电站与智能变电站结构对比框图

智能变电站二次设备间交换的信息用数字编码表示，信息采集、传输、处理、输出过程完全数字化。其主要特点如下：

(1) 采用统一的标准，支持多个厂家制造 IED 之间的互操作；

(2) 简化二次接线，少量光纤代替大量电缆可减少电缆之间的相互干扰，提高二次设备的抗干扰能力；

(3) 采用电子式互感器，无 CT 饱和、CT 开路、铁磁谐振等问题；

(4) 节约主控室及保护小室等的占地面积，减少费用等。

1.2 二次设备硬件技术

1.2.1 概述

变电站中的电气设备按功能的不同可分为一次设备和二次设备①。一次设备是指直接进行电能的生产、输送、分配的电气设备，主要包括发电机、变压器、高低压开关柜、断路器、隔离开关、避雷器、互感器、架空线路、电力电缆等；二次设备是指对一次设备的运行状态进行监测，给出是否有故障，并分析故障种类、故障部位、故障严重程度、故障发展变化趋势，判断设备性能劣化趋势，并制定出相应对策和处理结果的设备，主要包括合并单元装置、智能终端装置、保护装置、测控装置、通信装置、稳控装置、录波装置、对时装置等。

1.2.2 特点

二次设备经过近几十年的发展和应用，不同功能的设备逐渐被划分成不同的硬件平台。在初始硬件规划设计中，常利用硬件平台的特点，采用“平台＋应用”的开发模式(如表 1-1 所示)。

表 1-1 “平台＋应用”开发模式

应用层	应用软件		
软件平台层	支撑软件		
操作系统层	VxWorks	Linux	Windows
硬件平台层	ARM/FPGA/DSP		IO 外设

采用“平台＋应用”开发模式，主要有如下优势：

(1) 结构层次化，开发变得更加方便、专业；

(2) 平台通用化，集成度高，扩展性强，便于不同的专业使用；

(3) 应用专业化，方便功能扩展，满足不断发展的智能变电站新需求。

---

① 郑新才，陈国永. 220kV 变电站典型二次回路详解[M]. 北京：中国电力出版社，2011.

1.2.3 分类

1）按功能分类

对二次设备硬件按功能划分，可分为 CPU 硬件系统和 I/O 硬件系统（如图 1-4 所示）。CPU 硬件系统主要由处理器、存储器等组成，而 I/O 硬件系统主要包括各种 I/O 外设。本书的这种划分主要是便于后续章节的介绍，在这里不做特定的定义。

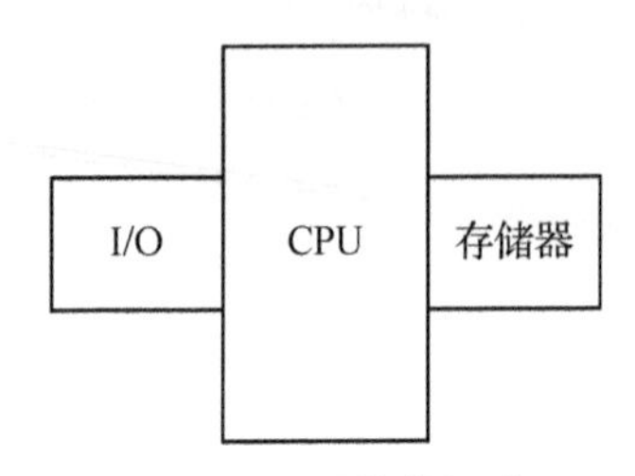

图 1-4 硬件的组成

2）按回路分类

对二次设备硬件按回路划分，CPU 硬件系统主要由 CPU、DDR、FLASH、JTAG、USB、晶振等外围回路组成，I/O 硬件系统主要由开入回路、开出回路、交流回路、模拟量输出回路、直流量输入回路、积分回路、对时回路、以太网回路、通信回路、电源回路等组成（如图1-5所示）。这些回路的主要功能如下：

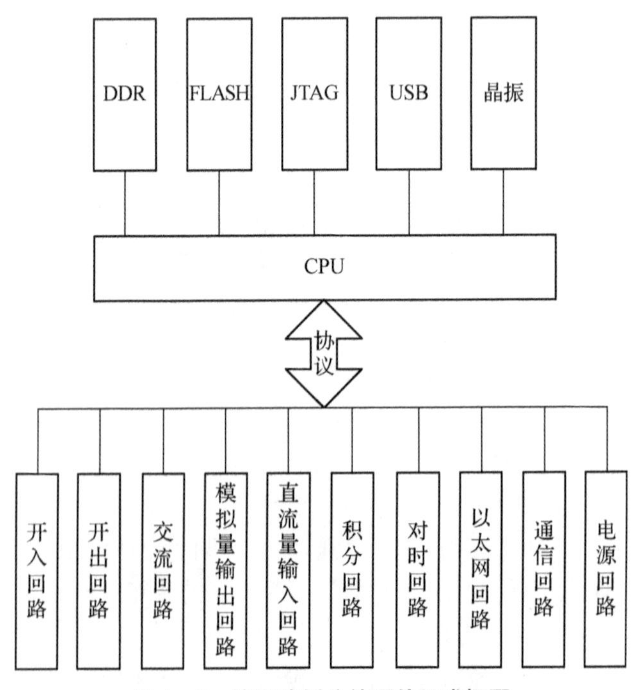

图 1-5 按回路划分的硬件组成框图

（1）CPU：主要功能是给各回路提供各种接口，与各回路形成信息的交互，实现信息的输入和输出等；

（2）DDR：主要功能是实时存储操作数据等；

（3）FLASH：主要功能是固化操作系统，存储应用程序、录波数据等；

（4）JTAG：主要功能是采用JTAG模式，对CPU芯片进行功能调试等；

（5）开入回路：主要功能是采集断路器、刀闸等位置信号；

（6）开出回路：主要功能是向外部提供接点，通过接点的闭合或断开，实现如开关合闸或跳闸等；

（7）交流回路：主要功能是采集传统CT、PT输出的二次模拟信号等；

（8）模拟量输出回路：主要功能是输出－5～＋5 V模拟电压信号等；

（9）直流量输入回路：主要功能是采集4～20 mA、0～＋5 V直流信号，实现监测户外柜温度、湿度等；

（10）积分回路：主要功能是还原出原始模拟信号等；

（11）对时回路：主要功能是支持B码、秒脉冲对时等；

（12）以太网回路：主要功能是实现以太网通信等；

（13）通信回路：包括SV、GOOSE回路，实现SV、GOOSE报文通信等功能；

（14）电源回路：主要功能是为各回路提供所需的电压，保证其工作正常。

3）按模件分类

对二次设备硬件按模件划分，可将不同功能的回路组合构成不同功能的单模件。常用的模件包括母板模件、电源模件、开入模件、开出模件、交流模件、直流模件、通信模件、PNL模件、HMI模件、CPU模件等，它们的主要功能如下：

（1）母板模件：将各个模件在电气上连接在一起，起到信号连接桥梁的作用。

（2）电源模件：额定电压为交流或直流220 V、110 V两种，经内部DC－DC转换器后可输出24 V、12 V、5 V直流电压等，提供给其它模件所需的工作电压。

（3）开入模件：包括开入回路，主要功能是采集开关、刀闸等位置信息。

（4）开出模件：包括开出回路，主要功能是向外部提供接点，实现开关合闸、跳闸等。

（5）交流模件：包括CT回路、PT回路，主要功能是采集传统CT、PT输出的二次模拟信号等。

（6）直流模件：包括直流量输入回路，用于监视户外柜温度、湿度等信息。

（7）通信模件：包括光纤通信回路，主要功能是实现接收或发送SV、GOOSE报文等。

（8）PNL模件：包括LED指示灯回路、LCD回路等，装置具有面板显示，便于实现人机交互功能等。

(9) HMI 模件:主要包括 CPU 及外围回路、LCD 控制回路,负责人机交互界面的数据处理等。

(10) CPU 模件:主要包括 CPU 及外围回路、各种协议接口回路等。CPU 模件是整个装置的核心模件,负责装置内的各个接口回路的数据处理等。

4) 按装置分类

在二次设备硬件中,每个装置都有不同的功能,而不同的模件根据设计需求组成装置可实现不同的功能。二次设备硬件按装置划分,可分为合并单元装置、智能终端装置、保护装置、测控装置、通信装置、对时装置等。

例如,合并单元装置包括 CPU 模件、交流模件、开入模件、开出模件、面板模件、直流模件、电源模件等(如图 1-6 所示),主要功能是实现二次输出模拟量的数字采样及同步,并通过 IEC 61850-9-2 规定的标准规约格式向站内保护、测控、录波、PMU 等智能电子设备输出采样值。

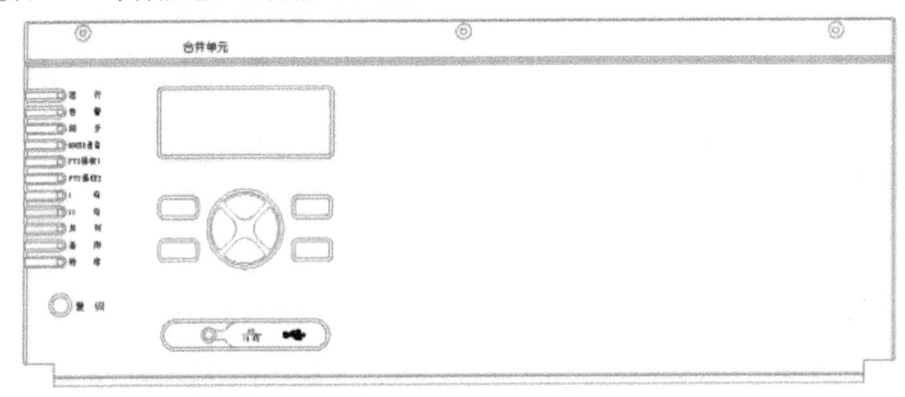

(a) 面板布置图

(b) 背板布置图

图 1-6　合并单元装置布置图

1.2.4 硬件的未来技术

1) 半导体技术

随着半导体技术的飞速发展,IC 正向复杂化、集成化、微型化方向发展。例如片上系统的集成功能越来越强大,通用性增强,支持多种协议接口,可适合不同的应用专业。与此同时,"多核"技术也将会得到大力推广。

2) 电力电子技术

近年来,电力电子技术发展迅速,如 IGBT 在特高压直流、柔性电网、新能源中得到大量的应用。目前,尽管 IGBT 单管在二次设备中作为快速出口器件得到了一定的应用,但是由于单个 IGBT 器件的功率水平仍然处在较低的水平,限制了其应用的范围。要发挥 IGBT 在二次设备中的应用,首先 IGBT 的工艺水平要提高,IGBT 单管要具备高电压、大电流的性能;其次,要做好 IGBT 的保护措施,如过电流保护、过电压保护和过热保护等;最后,要具备有效解决 IGBT 串并联的技术。

3) 无线技术

无线技术作为 21 世纪最有影响的技术之一,已成为人类认识世界、感知世界的一种重要工具。近年来,无线技术已在电力系统领域中得到一定的应用,如无线抄表、无线测温、无线监测等。随着 WLAN、Bluetooth、ZigBee、UWB、GPRS 等现代无线技术的逐步发展和推广应用,无线通信网络的可靠性和安全保密性已经得到提升并被社会认可。而二次设备作为电力系统中的重要设备,如何将无线技术应用到其中,是实现智能变电站智能化、自动化的一个重要发展方向,前景非常广阔。

1.3 研究内容

1.3.1 硬件开发中的四大类设计

二次设备硬件在产品设计初始阶段,开发人员不仅要充分考虑到产品的功能和性能,还要实现产品的价值最大化。为了实现产品的最大价值,本书从可靠性、电磁兼容性、最优化、一致性四方面进行分析。

(1) 可靠性:是指在给定的时间区间和规定的运用条件下,一个装置有效执行任务的概率。

(2) 电磁兼容性:是指在不损失有用信号所包含的信息条件下,有用信号和干扰共存的能力。

(3) 最优化:是指在一定条件限制下,选取某种研究方案而使目标达到最优的一种方法。

(4) 一致性:是指出厂装置与交检装置在硬件、软件上的一致。

在硬件开发过程中,本书提出四大类设计,即可靠性设计、电磁兼容性设计、最优化设计、一致性设计。从四大类设计的主要作用看，可靠性是硬件开发的指导思想，后面的三大类设计最终是为了实现产品的可靠性设计，从而实现产品的多目标最优化设计。从一个概念的提出，到设计出一个成功的产品，此四类设计之间是相辅相成并相互作用的（如图 1－7 所示）。

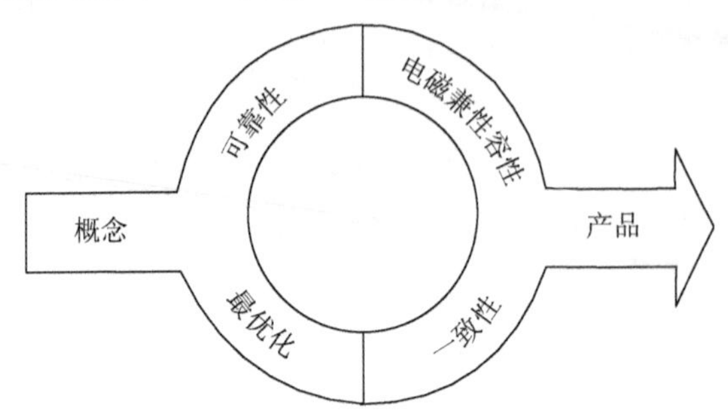

图 1－7　四大类设计间的关系示意图

1.3.2　硬件开发的过程

1）什么是过程

过程是为了满足预定的产品、成果而采取的一系列技术分析和创新方法。过程由输入、工具与技术、输出三部分组成[①]，其示意图如图 1－8 所示。

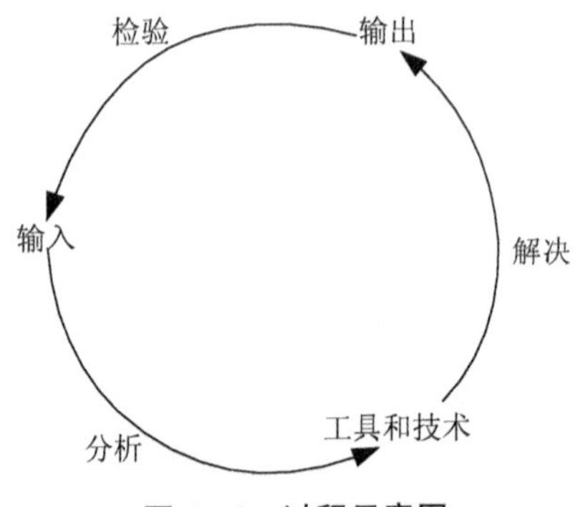

图 1－8　过程示意图

在硬件开发中，对于一个成功的产品，最好的检验输入的方式就是输出，而检验输出的最好方式就是实际解决一个问题。

2）过程设计

硬件开发是研究硬件系统的工程设计方法，其涉及的领域众多，是一个复杂的

① （美）项目管理协会. 项目管理知识体系指南[M]. 5 版. 许江林，等，译. 北京：电子工业出版社，2013.

系统工程。本书根据硬件开发过程中输入、工具与技术和输出三个组成部分，设计出硬件开发过程的具体步骤(如图1-9所示)。

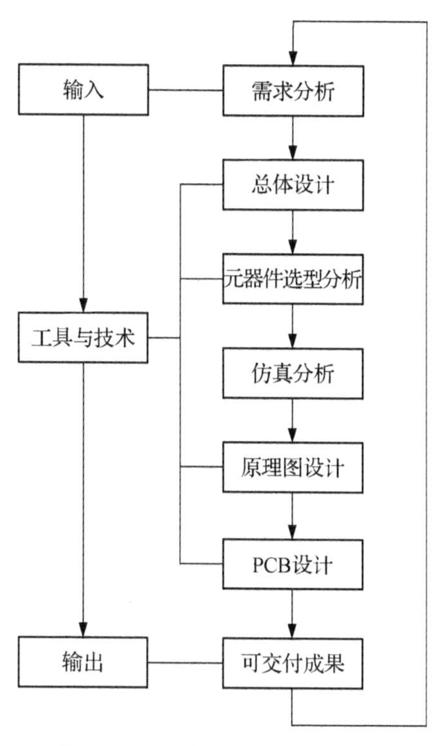

图1-9　硬件开发过程设计步骤

(1) 输入:问题的来源，包括硬件可靠性、电磁兼容性、最优化、一致性等设计需求。通过需求分析，对输入问题进行分解，确定关键技术及要求。

(2) 工具与技术:以整合多学科知识为手段，通过分析现有技术，创新方法以满足输入。该部分包括总体设计、元器件选型分析、仿真分析、原理图设计、PCB设计。

① 总体设计:通过对需求的分析及产品标准的解读，给出总体设计方案；

② 元器件选型分析:根据总体设计方案的功能需求，选择合适的元器件；

③ 仿真分析:根据选择的元器件进行电气仿真分析，以满足要求；

④ 原理图设计:根据IC及外围电路，通过一定的逻辑关系进行电气连接；

⑤ PCB设计:将各个元器件封装放在合适的位置，通过原理图设计中的逻辑关系进行导线连接。

(3) 输出:解决输入问题，最终实现输出可交付成果。该部分包括可靠性测试报告、电磁兼容性型式试验报告、最优化测试报告、一致性检查报告。

① 可靠性测试报告：产品满足基本功能时，出具可靠性测试报告；

② 电磁兼容性型式试验报告：产品满足 EMC 性能时，出具电磁兼容性型式试验报告；

③ 最优化测试报告：产品满足多目标优化功能时，出具最优化测试报告；

④ 一致性检查报告：出厂装置满足交检装置的一致性时，出具一致性检查报告。

3）过程模型

在可靠性、电磁兼容性、最优化、一致性四大类设计过程中，每个“过程”都具有输入、工具与技术和输出。例如，在装置设计中，其硬件设计过程为图 1－10 所示，四大类设计构成一棵硬件开发“树”，层层相连，每个环节都缺一不可且至关重要。

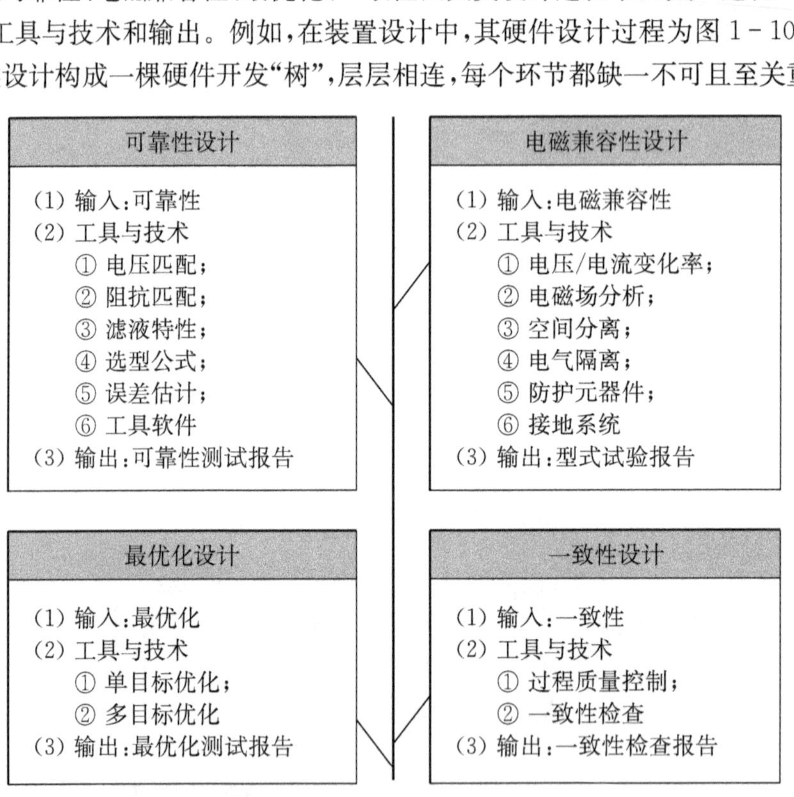

图 1－10　硬件开发过程设计模型

第二篇

可靠性设计

本篇共3章，主要介绍可靠性设计的基础知识及设计方法。其中：

第2章介绍硬件方面的可靠性基础知识；

第3章介绍CPU硬件系统，以变电站综合测试系统为例，分析了ZYNQ硬件平台的设计思路及方法；

第4章介绍I/O硬件系统，分析了智能变电站装置类常用的开入回路、开出回路、互感器回路、A/D回路、D/A回路的总体设计方法。

2 可靠性基础知识

2.1 简介

2.1.1 概述

在给定的时间区间和规定的运用条件下，一个装置有效地执行任务的概率称为装置的可靠性。硬件平台可靠性设计就是研究装置硬件可靠性的设计方法①。

本章从理论知识、仿真分析、设计经验等方面对硬件开发提出一些建议。首先，需要理解硬件平台的相关理论知识；其次，需要掌握电路设计技巧，掌握PCB单板产品设计和布线方面的专业技能；最后，学会利用仿真工具软件实施正确的设计方案，以提高硬件平台系统的可靠性。

2.1.2 技术要求

在智能变电站中装置种类繁多，并且每个装置都有特定的参考标准。因此在设计装置类产品时，首先需要参考装置标准，其次还需要参考一些通用标准，例如DL/T 478—2013、GB/T 20840.7—2007、GB/T 20840.8—2007等。常用回路的参考标准及要求如表2-1所示。

表2-1 装置类部分回路的参考标准及功能要求

序号	名称	端口类型	参考标准	功能要求
1	开入回路	直流输入	DL/T 478—2013 第4.5.1节	① 保护装置中所有开入回路的直流电源应与装置内部电源隔离；② 保护装置中强电开入回路的启动电压值不应大于0.7倍额定电压值，且不应小于0.55倍额定电压值；③ 保护装置中所有涉及直接跳闸的强电开入回路的启动功率不应低于5 W

① 钱学森.论系统工程[M].长沙：湖南科学技术出版社，1982.

续表 2-1

序号	名称	端口类型	参考标准	功能要求
2	开出回路	直流输出	DL/T 478—2013 第 4.5.3 节	① 保护装置中所有开出回路的触点连续通流不小于 5 A; ② 短时通流持续 200 ms,且不小于 30 A,短时额定工作周期应为接通 200 ms,断开 15 s
3	测量用电压互感器回路	交流输入	GB/T 20840.7—2007 第 12.5 节	合并单元装置中所有测量用电压互感器的电压误差和相位误差应满足第 12.5 节中的规定
4	测量用电流互感器回路	交流输入	GB/T 20840.8—2007 第 12.2 节	合并单元装置中所有测量用电流互感器的电流误差和相位误差应满足第 12.2 节中的规定
5	保护用电压互感器回路	交流输入	GB/T 20840.7—2007 第 13.5 节	合并单元装置中所有测量用电压互感器的电压误差和相位误差应满足第 13.5 节中的规定
6	保护用电流互感器回路	交流输入	GB/T 20840.8—2007 第 13.1.3 节	合并单元装置中所有测量用电流互感器的电流误差和相位误差应满足第 13.1.3 节中的规定
7	直流量输入电压采集回路	直流输入	Q/GDW 428—2010 第 4.2.1 节	智能终端装置中直流量输入电压采集回路的采集精度达到 0.5%
8	直流量输入电流采集回路	直流输入	Q/GDW 428—2010 第 4.2.1 节	智能终端装置中直流量输入电流采集回路的采集精度达到 0.5%
9	对时回路	直流输入	Q/GDW 428—2010 第 4.2.12 节	智能终端装置中对时回路的对时精度误差应不大于±1 ms

2.1.3 过程分析

硬件的可靠性是衡量一个产品的重要指标,对于一个初始的产品,不仅要实现其基本功能,还需要长期稳定、可靠运行。图 2-1 描述的是可靠性过程中的输入、工具与技术和输出。

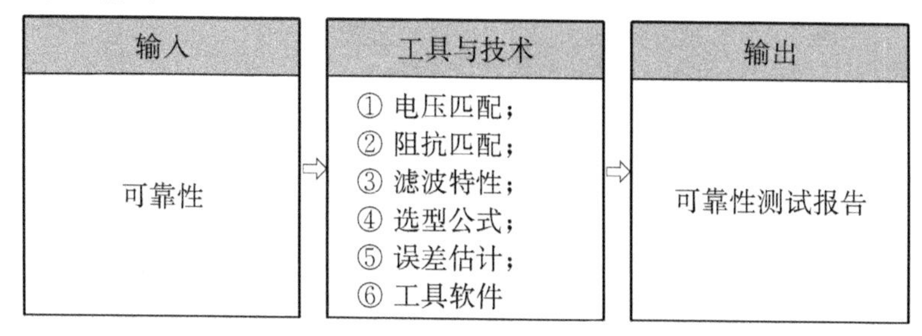

图 2-1 可靠性过程中的输入、工具与技术和输出

(1) 输入:可靠性的需求,可以是产品的设计需求、工程应用需求、装置故障、元器件失效、预研技术等。

(2) 工具与技术:通过分析技术和创新方法,满足设计的需求。其主要方法包括电压匹配、阻抗匹配、滤波特性、选型公式、误差估计、工具软件等。

(3) 输出:输出可交付成果,如可靠性测试报告。

2.2 基础知识

2.2.1 电压匹配

在硬件开发中,对于不同的芯片,其工作电压等级不一样,因此在芯片之间通信时需要进行电压匹配。本书中,我们将电压信号分为三类,即 I 类电压信号、II 类电压信号、III 类电压信号(如表 2-2 所示)。

表 2-2 电压等级分类

分类	电压等级	电压值
I 类电压信号	$U \leqslant 5$ V	1 V,1.2 V,1.8 V,3.3 V,5 V
II 类电压信号	5 V$<U\leqslant$70 V	10 V,12 V,24 V,48 V
III 类电压信号	70 V$<U\leqslant$220 V	110 V,220 V

在一个单板上有多种不同工作电压的芯片时,可采用电源模块、电源芯片对电源回路进行电压转换。

【例 2-1】 在单板设计中,有 5.0 V 和 3.3 V 两种工作电压,如果输入电压为 5.0 V,可采用电源模块进行转化(如图 2-2 所示)。

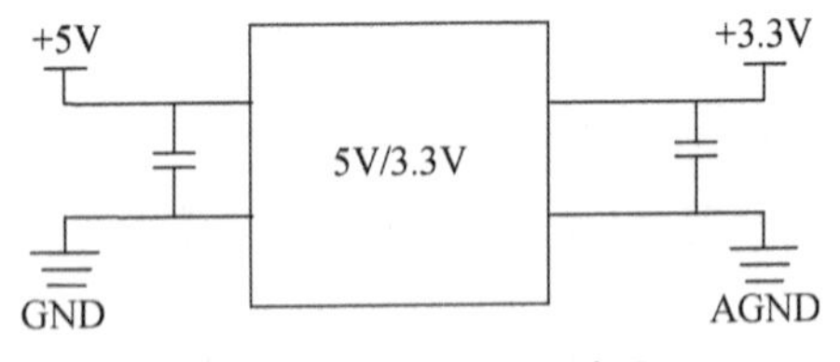

图 2-2 DC-DC 示意图

2.2.2 阻抗匹配

阻抗匹配是指信号源或者传输线跟负载之间的一种合适的搭配方式,可分为低频和高频两种情况。在低频情况下,频率越小,波长就越长,PCB 传输线可忽略,信号源可以和负载直接连接。在特定情况下,选择信号源内阻匹配的电阻时可以根据负载的大小来选择。如电路需要输出功率最大,选择 $R=r$,得到最大输出功率(如图 2-3(a)所示)。在高频情况下,频率越大,波长就越短,与 PCB 传输线的长度接近时,如果传输线特征阻抗跟负载阻抗不匹配会在负载端产生反射。为减少反射,常在驱动端加几十欧电阻(如 R 可选 33 Ω 或 22 Ω)改善匹配情况(如图 2-3(b)所示)。

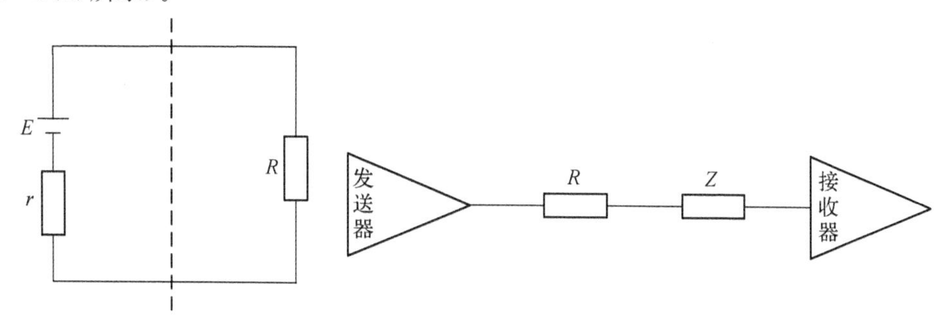

(a) 低频情况下最大输出功率阻抗匹配示意图　　(b) 高频情况下串联阻抗匹配示意图

图 2-3　阻抗匹配示意图

2.2.3　滤波特性

1) 频率响应

滤波电路中使用最多的滤波器是一阶 RC 低通滤波器,其功能是使特定频率范围内的信号通过,而其它信号禁止通过①。一阶 RC 低通滤波器原理如图 2-4 所示。

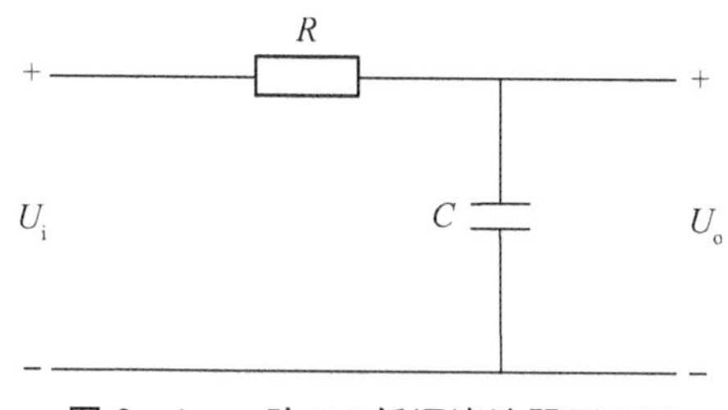

图 2-4　一阶 RC 低通滤波器原理图

一阶 RC 低通滤波器最关键的参数是截止频率 f_p。截止频率 f_p 是输入信号随着频率的增加,衰减到其实际幅度 70.7%时的频率值。当输入信号频率低于 f_p 时,信号衰减变小,可以通过;当输入信号频率高于 f_p 时,信号衰减变大。其频域特性公式为

① 童诗白,华成英.模拟电子技术基础[M].4 版.北京:高等教育出版社,2006.

$$H(j\omega)=\frac{U_o(j\omega)}{U_i(j\omega)}=\frac{1}{j\omega RC+1} \tag{2-1}$$

其中，幅频、相频特性公式为

$$A=|H(j\omega)|=\sqrt{\frac{1}{(\omega RC)^2+1}} \tag{2-2}$$

$$\varphi=\angle|H(j\omega)|=-\arctan(RC)\omega \tag{2-3}$$

频率响应曲线如图 2-5 所示。

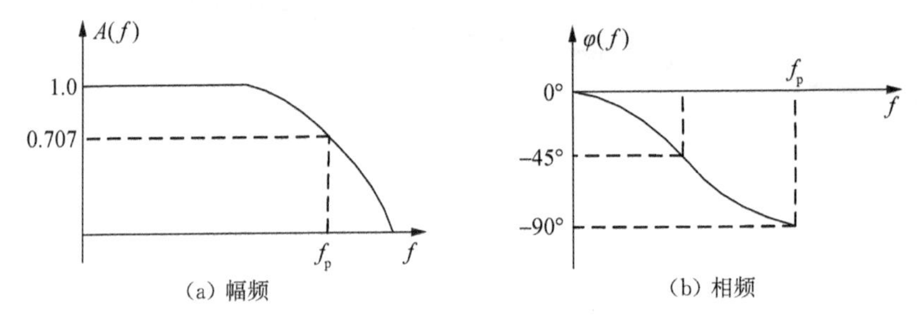

图 2-5　频率响应曲线

在−3 dB 处的截止频率 f_p 为

$$f_p=\frac{1}{2\pi RC} \tag{2-4}$$

从式(2-4)中可以看出，电路中的 f_p 的大小取决于参数 R 和 C 的大小。

2）波特图

拉普拉斯变换是求解高阶复杂动态电路的有效方法。一个定义在[0,∞)区间的函数 $f(t)$，它的拉普拉斯变换式 $F(s)$定义为

$$F(s)=\int_0^{\infty}f(t)e^{-st}dt \tag{2-5}$$

式中，$s=\sigma+j\omega$ 为复数，$F(s)$为 $f(t)$的象函数，$f(t)$称为 $F(s)$的原函数。

电阻元件的电压、电流关系为 $u(t)=Ri(t)$，两边取拉普拉斯变换为

$$U(s)=RI(s) \tag{2-6}$$

电容元件的电压、电流关系为 $u(t)=\frac{1}{C}\int i(t)dt$，两边取拉普拉斯变换为

$$U(s)=\frac{1}{sC}I(s) \tag{2-7}$$

电感元件的电压、电流关系为 $u(t)=L\frac{di(t)}{dt}$，两边取拉普拉斯变换为

$$U(s)=sLI(s) \tag{2-8}$$

在式(2-1)中，将 $j\omega$ 换成 s，则图 2-4 所示电路的拉普拉斯变换为

$$H(s)=\frac{U_o(s)}{U_i(s)}=\frac{\frac{1}{sC}}{R+\frac{1}{sC}}=\frac{1}{sRC+1} \tag{2-9}$$

一阶 RC 低通滤波器幅频特性曲线如图 2-6 所示。

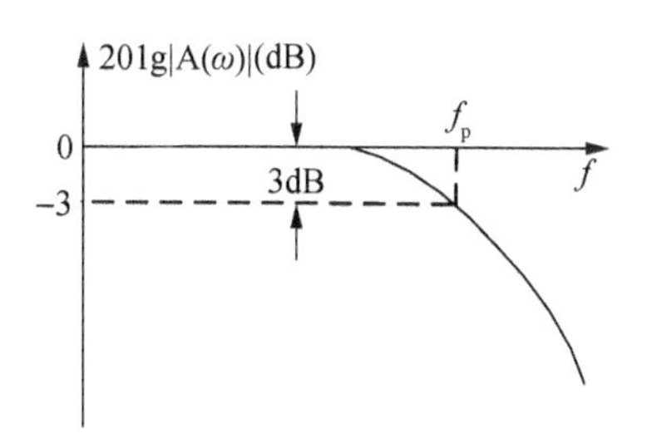

图 2-6　一阶 RC 低通滤波器幅频特性曲线

【例 2-2】 某保护装置在上电启动瞬间，由于高频干扰，造成装置面板的 LCD 出现"花屏"现象。经分析发现，在初始电路设计中，为了滤除高频干扰，在 HMI 控制器与 LCD 之间存在 RC 滤波回路(如图 2-7 所示)。

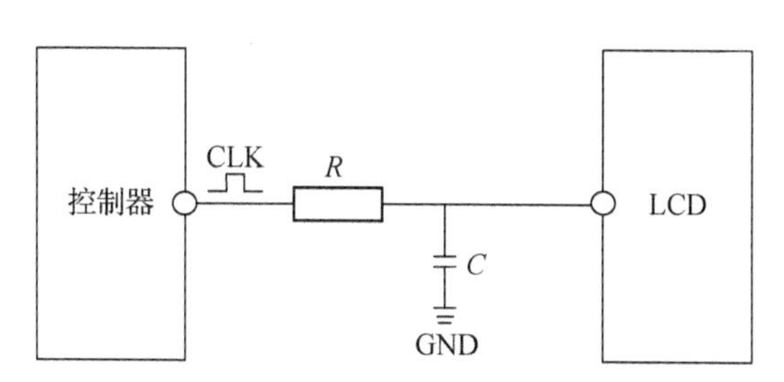

图 2-7　LCD 滤波回路示意图

对 RC 滤波回路分析发现，在 $R=100\ \Omega$，$C=100$ pF 时，根据式(2-4)求解的一阶 RC 低通滤波器的截止频率为15.9 MHz，而 LCD 时钟回路的工作频率为 25 MHz。由于截止频率小于工作频率，参数 R，C 不匹配，因此造成 RC 滤波回路对时钟回路进行了滤波，导致装置面板出现"花屏"现象。具体的解决方法可参考例 2-7。

2.2.4　选型公式

在选型上，所选元器件除了满足基本的功能外，还要充分考虑元器件的精度、功率、耐压，以满足其可靠性。

【例 2-3】 在 DC-DC 电源设计中，在满足负载功率要求的同时，还要有一定的冗余量。如 1 W 的 24 V 转换为 5 V 的电源模块，设计回路如图 2-8 所示。

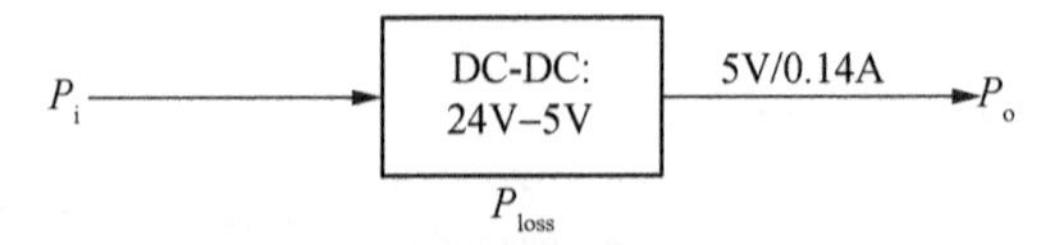

图 2－8　电源模块设计图

在图 2－8 中，电源模块的功耗计算公式为

$$P_i = P_{loss} + P_o \tag{2-10}$$

式中，P_i为电源模块的输入功率，P_{loss}为电源模块的消耗功率，P_o为电源模块的输出功率。

常用的 1 W 电源模块的选型如表 2－3 所示。本例中所选用的电源模块为 DC24－DC05S，转换效率为 70%～75%。在设计中参考转换效率为 70%时，输出电流为 0.14 A，输出功率为 0.7 W，即电源模块的最大输出功率 P_o为 0.7 W。

表 2－3　电源模块性能参数

型号	输入电压(VDC)	输出电压(VDC)	输出电流(mA)	转换效率(%)
DCXX－DC3.3S	5,9,12,15,24	3.3	303	70
DCXX－DC05S	5,9,12,15,24	5	200	70～75
DCXX－DC09S	5,9,12,15,24	9	111	70～75
DCXX－DC12S	5,9,12,15,24	12	84	70～75
DCXX－DC15S	5,9,12,15,24	15	66	75～80
DCXX－DC3.3D	5,9,12,15,24	±3.3	±151	70
DCXX－DC05D	5,9,12,15,24	±5	±100	70～75
DCXX－DC09D	5,9,12,15,24	±9	±55	70～75
DCXX－DC12D	5,9,12,15,24	±12	±41	70～75
DCXX－DC15D	5,9,12,15,24	±15	±33	75～80
DCXX－DC1509D	12,24	+15/－9	+33/－56	70～80
DCXX－DC1509D	5	+15/－9	±42	70～80

【例 2－4】　在每个电源回路的接入处，通常需对回路的接入端加滤波回路。为了滤掉谐波，通常情况下是在电源附近加陶瓷电容(如图 2－9 所示)。

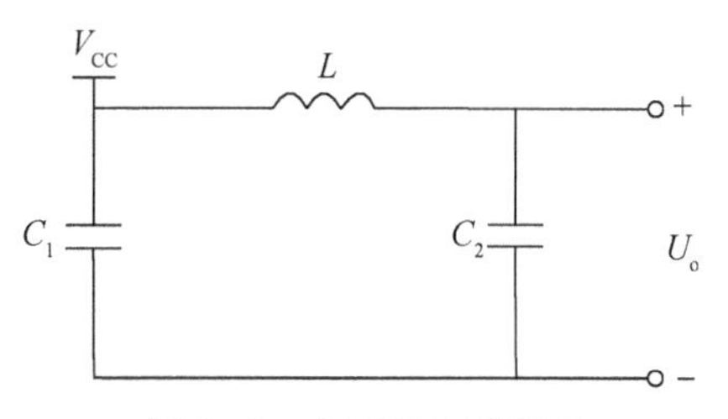

图 2－9 电源滤波原理图

在图 2－9 中，电容 C_1，C_2 两端的耐压值 U_C 的选型计算公式为

$$U_C=(2\sim3)V_{CC} \tag{2-11}$$

例如 V_{CC}为 5 V，则选取陶瓷电容的耐压值 $U_C=(10\sim15)\text{V}$ 比较合适。

【例 2－5】 在感性负载的串联回路中(如图 2－10 所示)选择电阻时，需要考虑电阻额定功率的大小。

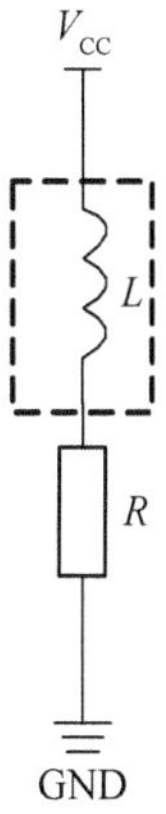

图 2－10 中，电阻中通过的电流 I 的计算公式为

$$I=\frac{V_{CC}}{Z_L+R} \tag{2-12}$$

式中，Z_L 为 L 的阻抗。

在图 2－10 中，V_{CC}为 I 类和 II 类电压信号时，R 的额定功率 P_N 的选取经验公式为

$$P_N=(3\sim5)I^2R \tag{2-13}$$

式中，P_N 为 R 的额定功率。

在图 2－10 中，V_{CC}为 III 类电压信号时，R 的额定功率 P_N 的选取经验公式为

图 2－10 LR 回路

$$P_N=(5\sim8)I^2R \tag{2-14}$$

式中，P_N 为 R 的额定功率。

2.2.5 误差估计

1）绝对误差

定义 x^* 为准确值，x 是 x^* 的一个近似值，我们称

$$e=x^*-x \tag{2-15}$$

为近似值 x 的绝对误差①。

2）相对误差

定义 x^* 为准确值，x 是 x^* 的一个近似值，我们称

① 孙志忠，袁慰平，闻震初. 数值分析[M]. 3 版. 南京：东南大学出版社，2011.

$$e_r=\frac{x^*-x}{x^*} \tag{2-16}$$

为近似值 x 的相对误差。

3）误差对函数值的影响

在硬件电路中，R，L，C 等元器件的取值都有固定的误差，一般采用 Taylor 级数展开的方法来估计。

对于一元函数 $y=f(x)$，设 x 是近似值，函数值 y 的绝对误差为

$$e(y)=y^*-y=f(x^*)-f(x) \tag{2-17}$$

将 $f(x^*)$ 在 x 处作 Taylor 展开，得 $e(y)$ 的近似表达式为

$$e(y)\approx f'(x)(x^*-x)=f'(x)e(x)$$

y 的相对误差为

$$e_r(y)=\frac{e(y)}{y}\approx\frac{f'(x)e(x)}{y}=\frac{xf'(x)}{f(x)}e_r(x) \tag{2-18}$$

4）微分增量法

当函数 $y=f(x)$ 可导，在 x_0 点可微时，微分为

$$\mathrm{d}y=f'(x)\Delta x \tag{2-19}$$

$y=f(x)$ 在 $[x_0, x_0+\Delta x]$ 的增量为

$$\Delta y=A\Delta x \tag{2-20}$$

其中，$A=f'(x_0)$。

在硬件电路中，元器件本身有固定的误差，在设计中常需要考虑到。

【例 2-6】 电阻分压回路如图 2-11 所示，其中 $R_1=3\ \mathrm{M\Omega}$，$R_2=99.173\ \mathrm{k\Omega}$，且 R_1，R_2 的误差均为 ±0.1%。

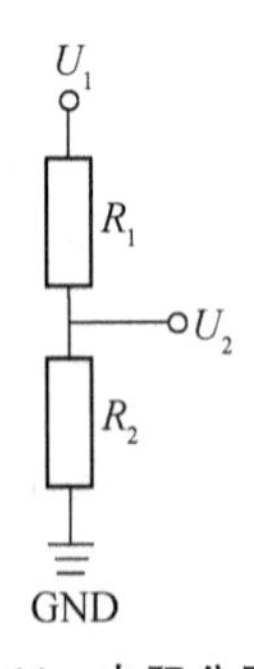

图 2-11 电阻分压电路

U_2 的电压大小为取决于 R_1，R_2 的大小及其精度。首先，列出分压公式：

$$A=\left|\frac{U_2}{U_1}\right|=\left|\frac{R_2}{R_1+R_2}\right| \tag{2-21}$$

其次，采用微分增量法，有如下计算公式：

$$\Delta A=\frac{\partial A}{\partial R_1}\Delta R_1+\frac{\partial A}{\partial R_2}\Delta R_2 \tag{2-22}$$

$$\Delta A_{\max}=\left|\frac{\partial A}{\partial R_1}\right|\left|\Delta R_1\right|+\left|\frac{\partial A}{\partial R_2}\right|\left|\Delta R_2\right| \tag{2-23}$$

$$\frac{\partial A}{\partial R_1}=\frac{-R_2}{(R_1+R_2)^2} \tag{2-24}$$

$$\frac{\partial A}{\partial R_2}=\frac{1}{R_1+R_2}-\frac{R_2}{(R_1+R_2)^2} \tag{2-25}$$

最后，将 $R_1=3\ \text{M}\Omega$，$R_2=99.173\ \text{k}\Omega$，以及 $\Delta R_1=\pm 0.1\%$，$\Delta R_2=\pm 0.1\%$ 代入式(2-23)，即可得出最大误差。

2.2.6 仿真工具软件

硬件开发周期长，成本高，如果采用从软件仿真到软件开发再到实物的过程，可提高硬件开发效率，从而缩短产品上市时间。随着集成电路技术的飞速发展，芯片更新换代越来越快，在制板前采用 Matlab 软件对电路进行仿真，可缩短设计周期并减少制板费用(见图 2-12)。

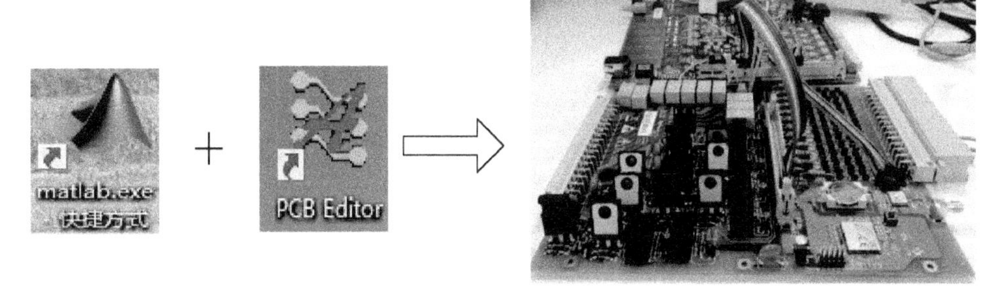

图 2-12 使用 Matlab 软件的硬件开发过程示意图

Matlab 语言是一种广泛用于算法开发、数据可视化、数据分析及数值计算的高级矩阵语言，现已成为业内最优秀的工程应用开发软件①。而 M 文件是包含 Matlab代码的文件，可实现电路的仿真估算、数据处理等，便于分析实验中数据并发现其中的问题。

【例 2-7】 对例 2-2 建立 M 文件，当 $R=100\ \Omega$，$C=100\ \text{pF}$ 时，求解出一阶 RC 低通滤波器的截止频率。

一阶 RC 低通滤波器的截止频率 M 文件程序代码如下：

① 周品，何正风. MATLAB 数值分析[M]. 北京：机械工业出版社，2009.

```
1.  clear all;
2.  close all;
3.  R=100;
4.  C=100 * 10^-12;
5.  a1=1;
6.  a2=R * C;
7.  num=[1];
8.  den=[a2 1];
9.  H=tf(num,den);
10. [mag,phase,w] = bode(H);
11. margin(H);
12. magdb=20 * log10(mag);
13. f=w/(2 * pi);
14. figure(1);
```

该程序的运行结果如下：

magdb(:,:,28) = −3.0103

f(28)=1.5915e+07

从运行结果可以看出，当 $R=100\ \Omega$，$C=100$ pF 时，一阶 RC 低通滤波器在 −3.0103 dB 处的截止频率为 15.9 MHz。其波特图如图 2-13 所示。

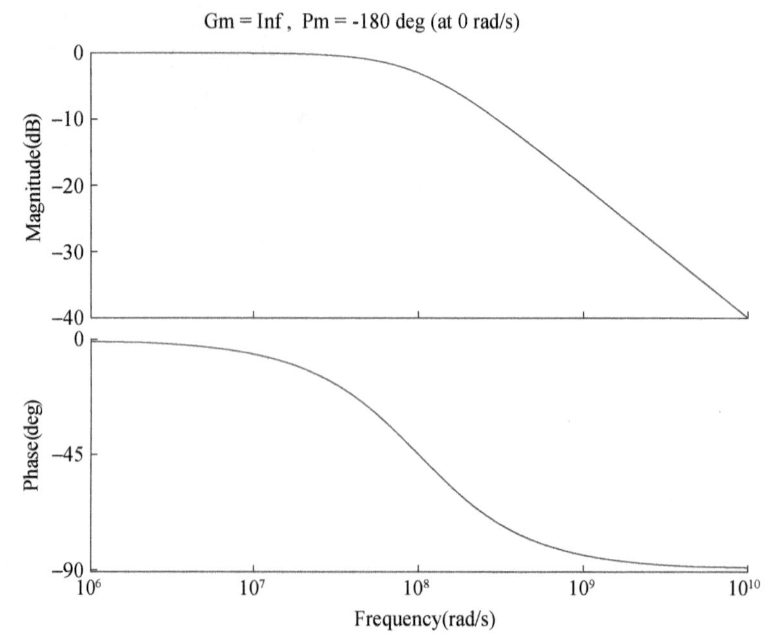

图 2-13　一阶 RC 低通滤波器的波特图

改进滤波回来的参数 R 和 C，当 $R=33\ \Omega, C=100\ \text{pF}$ 时，该程序的运行结果如下所示：

magdb(：，：，24)＝－3.0103

f(24)＝4.8229e＋07

从执行结果可以看出，当 $R=33\ \Omega, C=100\ \text{pF}$ 时，一阶 RC 低通滤波器在 －3.0103 dB 处的截止频率为 48.2 MHz。其波特图如图 2－14 所示。

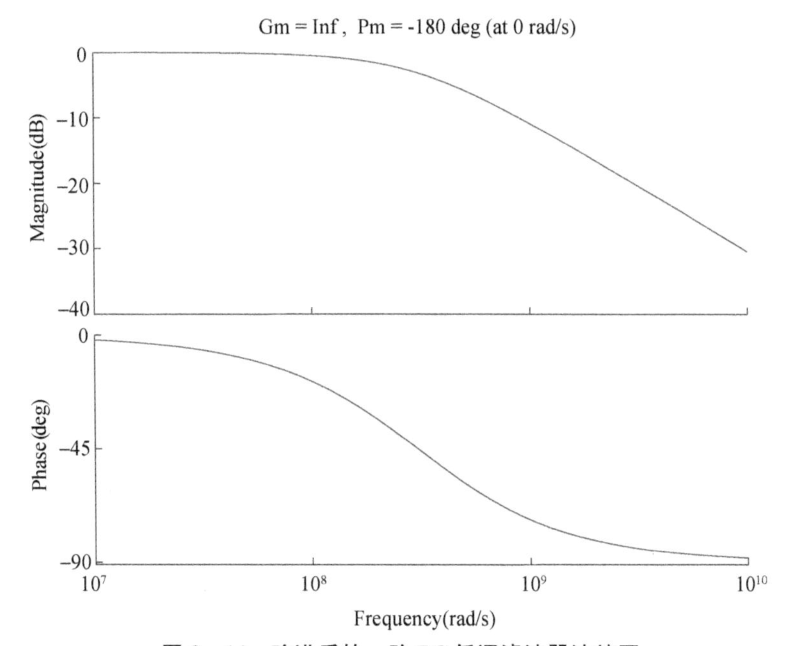

图 2－14　改进后的一阶 RC 低通滤波器波特图

通过上述措施改进后，保护装置面板的 LCD 正常工作。

2.2.7　开发工具软件

Cadence Allegro 是 CADENCE 公司开发的 EDA 软件，其主要特点是系统平台互联性强，适合于团队协作开发①。Cadence 软件包含多种软件，设计者可以根据自己的爱好去选取，其中电路设计主要分为原理图设计、PCB 设计。

1）原理图设计

原理图设计是将 IC 及外围电路通过一定的逻辑关系进行连接②，其流程如图 2－15 所示。

① 周润景，刘梦男，苏良昱. Cadence 高速电路板设计与仿真：原理图与 PCB 设计[M]. 4 版. 北京：电子工业出版社，2011.

② 魏洪兴. 嵌入式系统设计师教程[M]. 北京：清华大学出版社，2006.

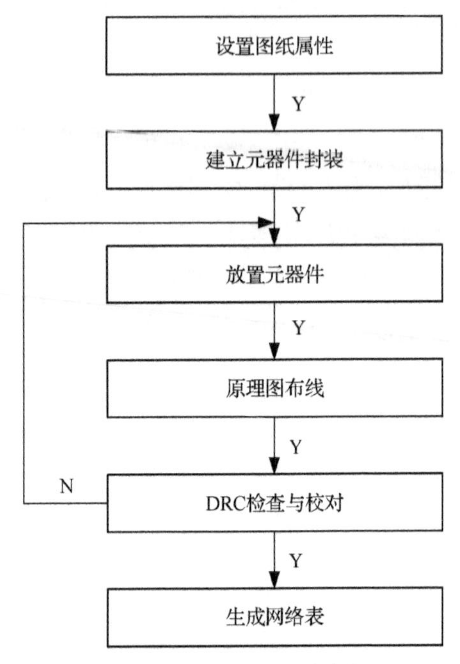

图 2-15　原理图设计流程

(1) 设置图纸属性:根据电路的复杂程度设置图纸的大小和类型;

(2) 建立元器件封装:根据元器件手册,设计原理图中使用的元器件封装;

(3) 放置元器件:根据原理图的需要,将元器件从元器件库中取出放置到图纸上,并对元器件进行编号;

(4) 原理图布线:根据原理图的需要,采用导线将元器件进行连接;

(5) DRC 检查与校核:对绘制的原理图进行 DRC 核查;

(6) 生成网络表:建立原理图网络表,导出网络表,供 PCB 使用。

2) PCB 设计

PCB 设计是将各个元器件封装放在合适的位置,再通过原理图设计中的逻辑关系进行导线连接,其流程如图 2-16 所示。

(1) 设置图纸属性:根据机械图的要求,建立板外框;设置设计规则,为了便于 PCB 检查,常对导线布线方法、元器件放置、布线规则进行设置;设置叠层,为了满足多层板设计的需要,常常设置为 2 层、4 层、6 层、8 层、10 层板。

(2) 建立封装库:根据元器件手册,设计 PCB 中使用的元器件封装。

(3) 载入网络表:将网络表导入设置好的 PCB 中。

(4) PCB 布局布线:根据电路模块功能进行布局,实现同一功能的相关电路集中进行放置。

(5) PCB 布局、布线:将具有同网络的元器件进行连接。

(6) DRC 检查与校核:根据设置的规则进行核查。

(7) 输出 Gerber 文件:Gerber 文件主要用于 PCB 板厂加工生产。

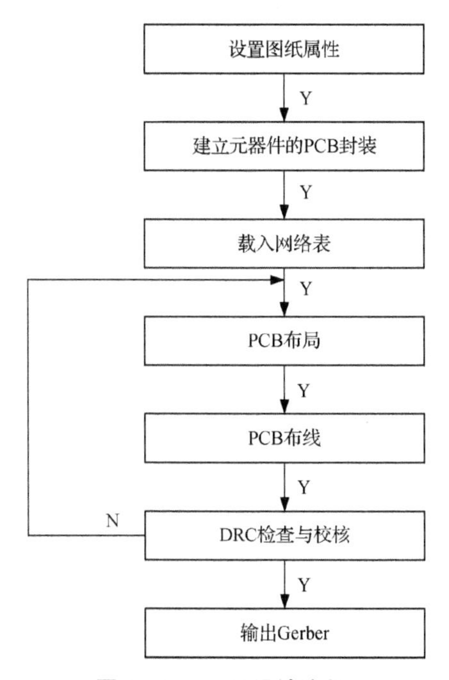

图 2-16 PCB 设计流程

以 I/O 模件的 PCB 设计为例,两层板的 PCB 布局、布线中一些简单规则如下:

(1) PCB 边缘倒角,以避免人员割伤。

(2) 强弱电进行隔离,间距要足够大。当海拔高度为 2000 m 以下时,采用浮地系统设计的 PCB,各电压等级间的电气距离参考表 2-4。

表 2-4 各电压等级间的电气间隙距离

序号	电压等级	电压等级	间距(mm)
1	I 类电压	I 类电压	0.5
2	I 类电压	II 类电压	1
3	I 类电压	III 类电压	5
4	II 类电压	II 类电压	1
5	II 类电压	III 类电压	5
6	III 类电压	III 类电压	3

续表 2-4

序号	电压等级	电压等级	间距(mm)
7	I类电压	GND,AGND	0.5
8	II类电压	GND,AGND	1
9	III类电压	GND,AGND	5
10	I类电压	EARTH(装置外壳)	5
11	II类电压	EARTH(装置外壳)	5
12	III类电压	EARTH(装置外壳)	5

(3) I类信号与I类、II类、III类信号之间在需要时可开槽,以增大爬电距离。

(4) 大功率表贴器件,如IGBT管、MOSFET管等,需要加大接地焊盘,以便于散热。

(5) 进行地线设计时,设定地线宽度在3 mm以上。地线宽度增大可降低导线电阻,适当对地网络进行敷铜有利于干扰泄放。

(6) 进行电源设计时,根据电流的大小应尽量增大导线宽度。在电源层敷铜时,相邻层需要有地层作为参考,这样有利于将电源线中的噪声回送到地线上。

(7) 预留+24 V,+5 V测试孔,便于单板测试。

2.3 本章小结

本章主要介绍了可靠性设计的相关基础知识,包括电压匹配、阻抗匹配、选型公式、误差估计、仿真工具软件设计流程、开发工具软件设计流程等。通过本章的学习,读者应掌握硬件方面关于可靠性设计的相关知识,了解理论分析以及仿真设计、原理图设计、PCB设计规则等,为后续的硬件开发奠定基础。

3 CPU 硬件系统

3.1 ZYNQ 硬件平台的输入

3.1.1 概述

保护测试仪在二次设备调试中使用非常广泛。但是，由于传统的保护测试仪受限于结构、硬件等方面影响，一台保护测试仪只提供几路电流信号、电压信号，且开入信号、开出信号的数量也有限。随着智能变电站的飞速发展，稳控保护装置的集成度越来越高，需采集几十路交流模拟量信号(如现有的一台稳控保护装置需要48路交流模拟量信号)，因此需要多台保护测试仪才能对进行测试，而无法采用一台测试仪对稳控保护装置进行完整的测试。

SoC 称为系统级芯片，也称片上系统，是一个有专用目标的集成电路，其中包含完整系统并有嵌入软件的全部内容。通俗地讲，SoC 就是多个 CPU 的集成。如电力系统硬件平台普遍采用 CPU 芯片、FPGA 芯片、DSP 芯片，通过罗列组合实现“CPU 芯片＋FPGA 芯片”“CPU 芯片＋DSP 芯片”“DSP 芯片＋FPGA 芯片”“CPU 芯片＋FPGA 芯片＋DSP 芯片”的功能。国内已有许多文献介绍了 SoC 在电力系统继电保护方面的应用。例如，有文献在分析了微机保护的基础上，提出了电力系统继电保护系统专用芯片的设计方案，该方案集计量、保护、通信功能于一体，并通过硬件仿真进行了验证[①]；有文献提出 SoC 在电力系统继电保护领域具有可行性，并设计出智能化电器硬件平台[②]；有文献提出采用片内存储器层次结构设计的专用芯片，提高了继电保护装置的可靠性[③]；有文献优化了 IP 核复用技术的 SoC 测试调度[④]；有文献通过比

① 张桂青，冯涛，张杭，等. 继电保护系统级专用芯片的设计[J]. 电力系统自动化，2001，25(20)：45 - 47.

② 张桂青，冯涛，王建华，等. 基于 IP 核的智能化电器 SoC 设计与实现[J]. 电工技术学报，2003，18(2)：27 - 30.

③ 邹雪城，刘浩，曹飞飞，等. 继电保护专用芯片存储器抗干扰性研究与设计[J]. 微电子学与计算机，2009，26(7)：24 - 28.

④ 许川佩，胡红波. 基于量子粒子群算法的 SoC 测试调度优化研究[J]. 仪器仪表学报，2011，32(1)：113 -119.

较两种 AMBA 总线协议，给出了两种不同的 SoC 总线方案①；有文献采用了基于高速总线 SoC FPGA 程序在线升级方案，在继电保护装置中得到成功应用②。

3.1.2 技术要求

变电站综合测试系统主要功能是完成稳控装置的测试。该系统能输出几十路模拟交流电压信号，并能按照测试要求生成测试数据，实现对分布在各厂站的安全稳定控制装置同时施加激励，以验证系统功能。变电站综合测试系统由两部分组成，即集成测试软件和变电站综合测试仪。集成测试软件通过 Wi－Fi 来完成与变电站综合测试仪的信息交互。如图 3－1 所示，在相隔几十至几百千米的变电站 1 和变电站 2，可以同时通过无线传输对变电站测试仪 1 和变电站测试仪 2 进行控制，实现数据的交互。

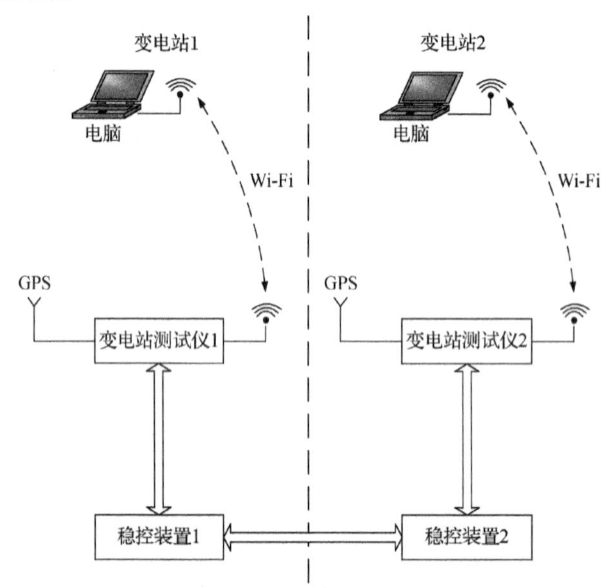

图 3－1 变电站综合测试系统使用示意图

变电站综合测试系统需要实现的功能如下：

(1) 具有 48 路模拟交流电压小信号输出功能；

(2) 具有 8 路百兆光口功能，具有 2 路千兆光口功能；

(3) 具有 1 路对时功能；

(4) 具有 1 路秒脉冲输出功能；

---

① 李阳. 一种 DSP 芯片 SoC 总线的功能验证[D]. 北京交通大学硕士学位论文，2014.

② 许仁安，黄作兵，李伟. 基于高速智能总线的 SoC FPGA 程序在线升级方案[J]. 自动化应用，2015，8：14－15.

（5）具有 16 路开入功能；

（6）具有 16 路开出功能；

（7）具有与 Wi - Fi 模块通信功能；

（8）具有与 GPS 模块通信功能；

（9）具有与上位机通信功能。

3.2 ZYNQ 硬件平台的工具与技术

3.2.1 总体设计

变电站综合测试系统主要由 CPU 模件、DIO 模件、PWR 模件组成。其中，CPU 模件主要包括 ZYNQ 及外围器件 DDR3、FLASH、SD，以及模拟量输出回路、SV/GOOSE 回路、上位机通信回路；DIO 模件包括开入回路、开出回路、Wi - Fi 回路、GPS 回路。CPU 模件与 DIO 模件之间通过扁平电缆线连接，PWR 模件主要为 CPU 模件、DIO 模件供电。该系统硬件总体设计框图如图 3 - 2 所示。

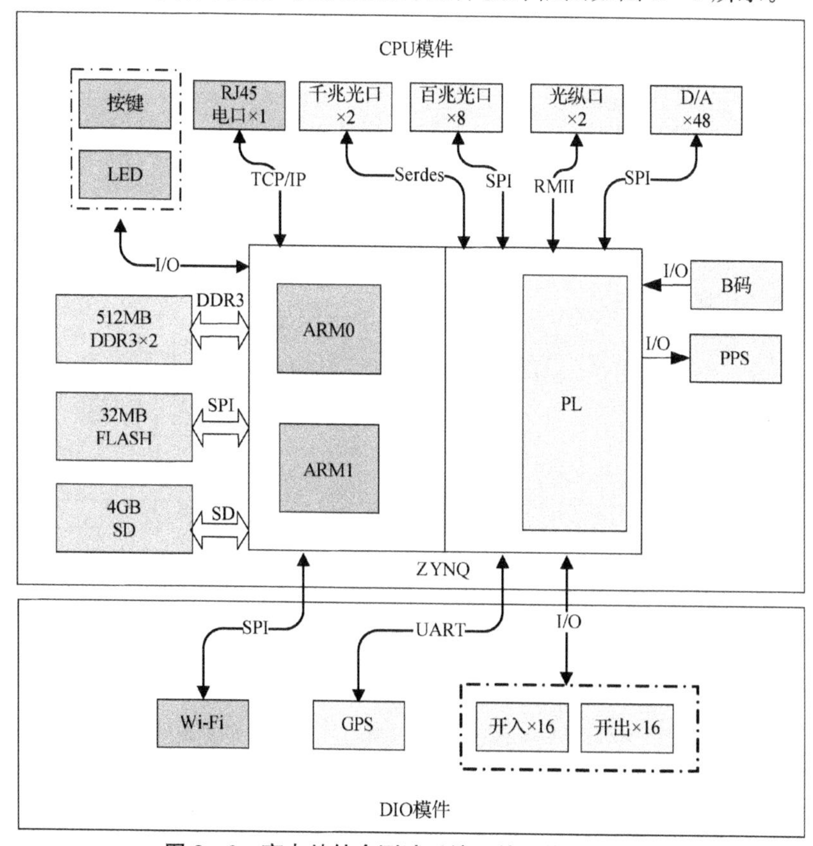

图 3 - 2 变电站综合测试系统硬件总体设计框图

3.2.2 器件选型

ZYNQ－7000 系列处理器基于赛灵思公司全编程架构，主控制器主要分为处理器系统(PS)与可编程逻辑(PL)两部分(如图 3－3 所示)。其中，PS 部分包括 ARM Cortex－A9 双核处理器，内含存储器接口和 MIO 接口；PL 部分可作为 PS 部分的扩展回路，既可以配合 PS 部分完成一些外部逻辑的处理，也可利用 PL 部分并行、硬件处理的特点，构成 PS 中算法的一个外部协处理回路，从而形成一个强大的算法加速器。

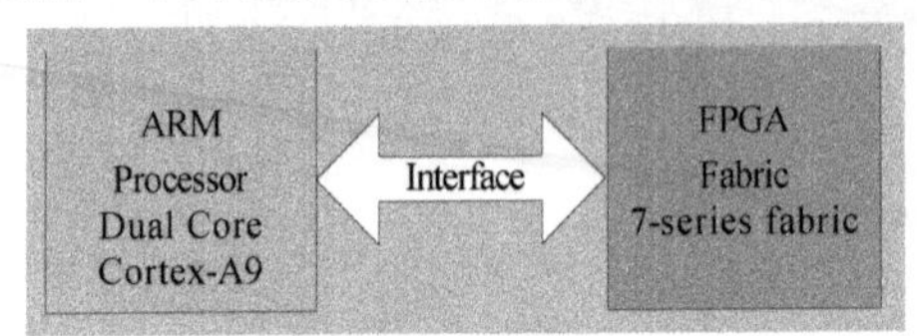

图 3－3 ARM＋FPGA 结构框图

ZYNQ－7000 系列处理器是一款先进的、高性能的、低功耗的、28 nm 制程处理器，包含了片上存储器、外部存储器和一系列丰富外设的接口，具有强大的数据处理能力。ZYNQ 系列器件的体系结构如图 3－4 所示①②。

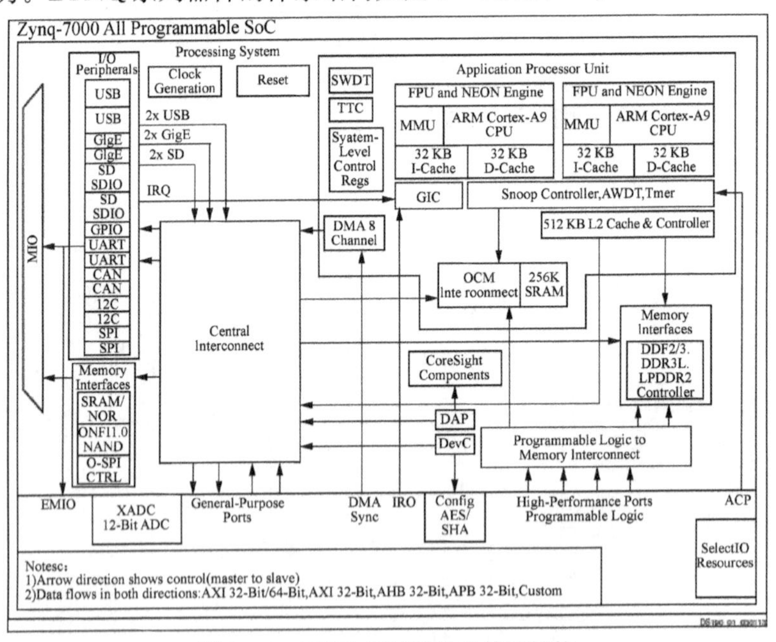

图 3－4 ZYNQ 系列器件的体系结构

① 陆启帅，陆彦婷，王地. Xilinx Zynq SoC 与嵌入式 Linux 设计实战指南：兼容 ARM Cortex－A9 的设计方法[M]. 北京：清华大学出版社，2014.

② 符晓，张国斌，朱洪顺. Xilinx ZYNQ－7000 AP SoC 开发实战指南[M]. 北京：清华大学出版社，2016.

1）处理器系统（PS）

（1）基于双核 ARM Cortex－A9 的应用处理回路（APU）

基于双核 ARM Cortex－A9 的应用处理回路是基于 ARMv7－A 架构，每个 CPU 速度可达 2.5DMips/MHz，频率可达1 GMHz，拥有可以进行单精度和双精度的向量浮点运算单元（VFPU）及 3 个看门狗定时器。

（2）缓存

每个 CPU 含有独立的 32KB 1 级指令和数据缓存，两个 CPU 共同分享 512KB 8 路关联处理 2 级缓存。

（3）外部存储器接口

支持 DDR3、DDR3L、DDR2 或 LPDDR2 的 16 位或 32 位接口，支持 4 位 SPI（QSPI）或两个 Quad-SPI（8 位）串行 NOR FLASH。

（4）I/O 外设和接口

① 两个支持 IEEE Std 1588 2.0 协议的 10/100/1000 三速以太网 MAC 接口；

② 两个 USB 2.0 OTG 外设，每个最多支持 12 个端点；

③ 两个完全可以兼容 2.0 的 CAN 总线接口；

④ 两个 SD/SDIO 2.0/MMC 3.31 控制器；

⑤ 两个拥有三个外设片选芯片的全双工 SPI 接口；

⑥ 两个最高为 1 Mb/s 的 UARTS；

⑦ 两个主、从 IIC 接口；

⑧ 最多支持 54 个 MIO 管脚。

2）可编程逻辑（PL）

（1）可配置的逻辑单元（CLB）

① 查找表；

② 触发器。

（2）36Kb RAM

① 全双端口；

② 最大 72 位宽；

③ 可配置为双 18Kb。

（3）可编程 I/O

① 支持 LVCMOS、LVDS 和 SSTL 接口；

② 端口电平幅度为 1.2～3.3 V。

（4）JTAG 边界检测——IEEE Std 1149.1 兼容的测试接口

(5) PCI Express 模块

① 支持多达 8 个数据通路;

② 支持高达 Gen2 的接口(5.0GT/s)。

(6) 串行收发器

① 支持多达 16 个接收器/传输器;

② 支持高达 12.5Gb/s 的数据速率。

3) PS 与 PL 互联

PS 和 PL 之间支持多种不同的接口,可支持 AXI 总线、AMBA 总线。

现有的 ZYNQ 系列器件包括 ZYNQ-7010、ZYNQ-7015、ZYNQ-7030、ZYNQ-7045 等。根据变电站综合测试系统的技术要求,我们选用的主控制器为 XC7Z015,其关键参数如表 3-1 所示。

表 3-1 XC7Z015 关键参数

参数	说明
CPU 速率	766 MHz
缓存	L1 高速缓存 512 KB,L2 高速缓存 256 KB
逻辑单元	74 K
Block RAM(KB)	380
DSP Slice	160
收发器数量	4(6.25 Gb/s)
封装	CLG485
时钟频率	667 MHz
工作电压	1.0 V,1.2 V,1,5 V,1.8 V,2.5 V,3.3 V
工作温度	−40～+85 ℃

3.2.3 原理图设计

CPU 模件作为测试装置的中央控制模块,采用 XC7Z015 芯片作为主控制器件。其共分为 12 个 BANK,其中,PS 侧主要由 BANK500、BANK501、BANK502 组成,PL 侧主要由 BANK0、BANK13、BANK34、BANK35、BANK112 组成,CORE POWER、I/O POWER、GTX POWER 为电源,DIGITAL GND 为数字地。由于变电站综合测试系统硬件系统的元器件芯片多、管脚数量多,无法一一举例,这里仅提供目录列表(如图 3-5 所示)和总层次构架原理图(如图 3-6 所示)供参考。

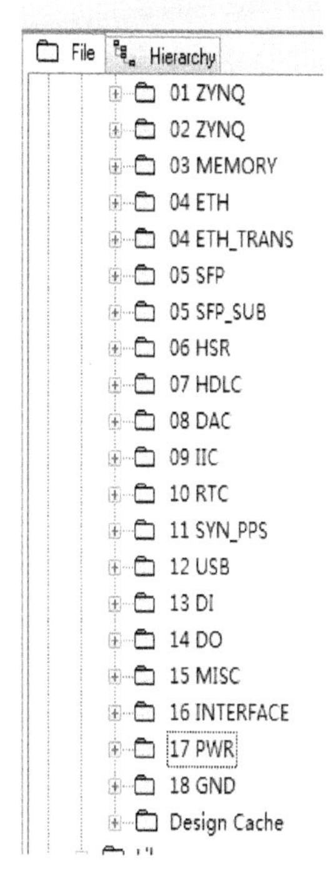

图 3－5　目录列表

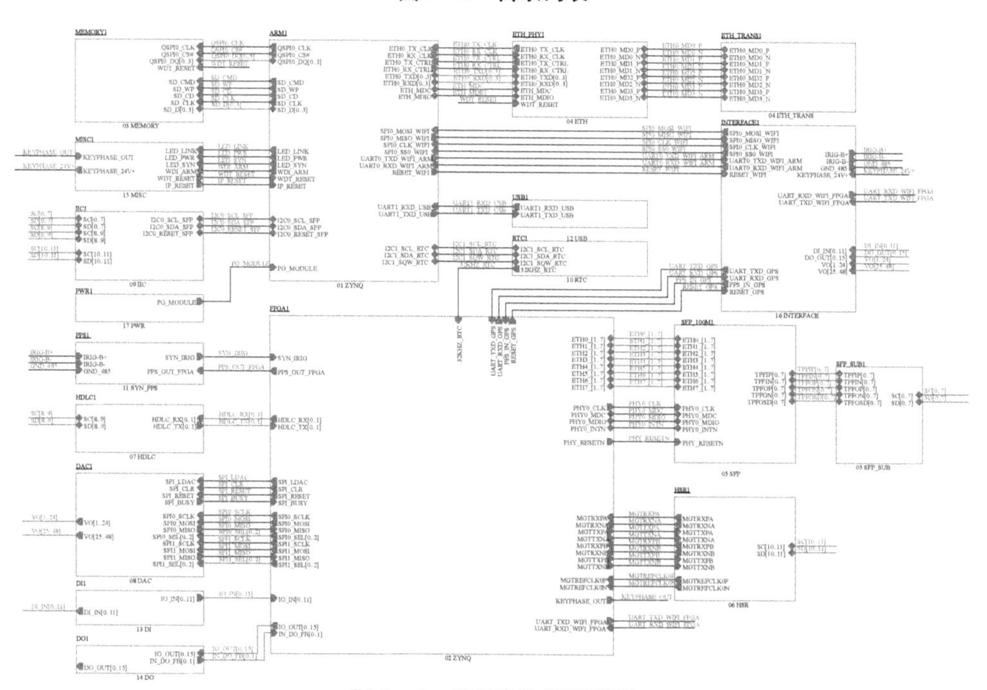

图 3－6　总层次构架原理图

1）电源系统

ZYNQ 硬件系统的电源轨较多，电源系统设计的好坏将直接影响到整个硬件系统的功能。首先，按照芯片手册确定 ZYNQ 芯片工作所需的电压：1.0 V，1.2 V，1.5 V，1.8 V，2.5 V，3.3 V；其次，选取外围电路所需的工作电压：0.75 V，5 V；最后，选取电源芯片 U_5，U_6，U_7，U_8，U_9，U_{10}，U_{11} 组成电源系统（如图 3－7 所示）。另外，根据 ZYNQ 芯片手册的要求确定电源芯片上电顺序为 5 V，1.0 V，1.2 V，1.8 V，2.5 V，1.5 V，0.75 V，3.3 V 电源，以保证硬件系统能正常工作（如图 3－8 所示）。

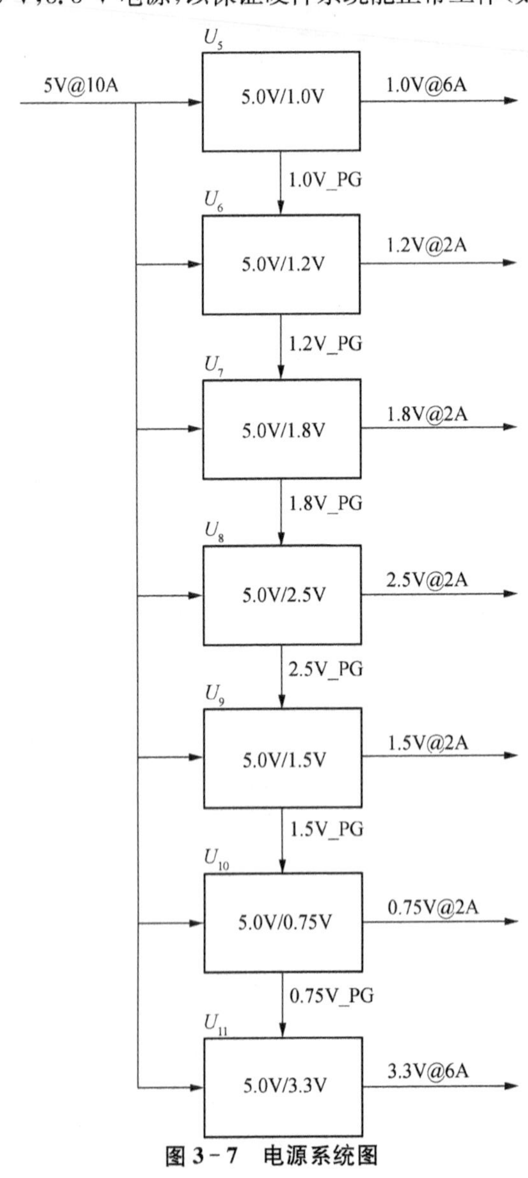

图 3－7　电源系统图

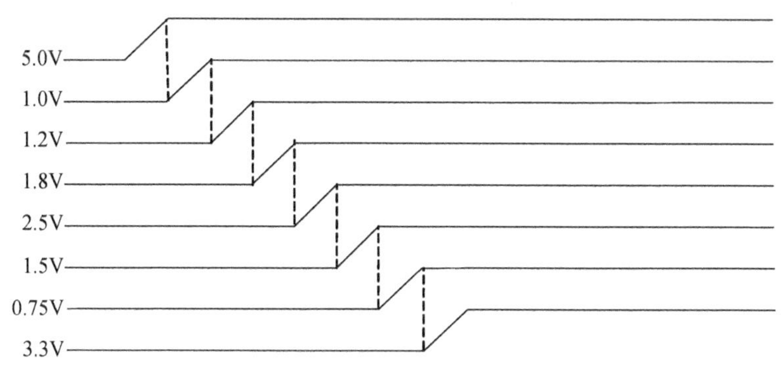

图 3-8 电源上电顺序图

2）时钟

所有由 PS 时钟子系统产生的时钟会被 CPU、DDR、I/O 这三个可编程 PLL 中的一个进行处理，其输入为 PS_CLK 引脚上的时钟信号。

（1）ARM PLL 可用于 CPU 和互联的时钟；

（2）DDR PLL 可用于 DDR DRAM 控制器以及 AXI HP 接口的时钟；

（3）I/O PLL 可用于 I/O 外设的时钟。

采用有源晶振的回路如图 3-9 所示，如果选用 G_1 晶振为 33.333 MHz，可产生33.333 MHz的信号提供给 PS 侧。

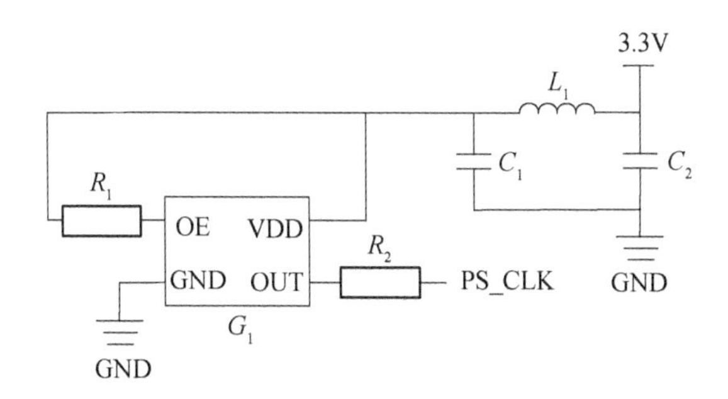

图 3-9 有源晶振原理图

所有 PL 时钟均可根据需要参考图 3-9 进行设计。例如，将 G_1 替换为25.000 MHz的晶振，产生 25.000 MHz 时钟信号提供给 PL 侧，则 PL 内部的各个模块以此为基准时钟。这个输入时钟经过 FPGA 内部时钟模块倍频和分频后将产生 50 MHz、100 MHz 等基准信号，供给 FPGA 各个模块使用。

3）DDR3

由于 PS 侧 ARM 支持总线宽度为 32 位，因此采用两片容量较大的 DDR3 SDRAM(IS43TR16256AL)。其频率为 933 MHz，每片为 512 MB，寻址范围为

1 GB的地址空间，用于存放程序代码和各种数据。为减少功耗，DDR3 的工作电压为1.35 V。

两片 DDR3 原理图如图 3-10 所示，其中 A[0…14]为地址信号线，BA[0…2]为 BANK 地址信号线，DQ[0…15]为输入/输出数据信号线，RAS 为行地址信号线，CAS 为列地址信号线，WE 为片选信号线，RESET 为复位信号线。

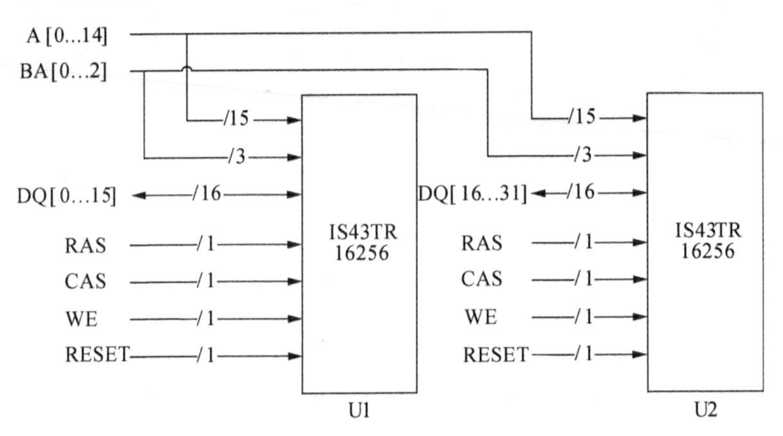

图 3-10 两片 DDR3 原理图

4) FLASH

PS 侧 ARM 支持 QSPI 协议，采用一片大小为 64 MB 的 4-bitSPI 串行 Nor FLASH(MT25QL512ABA8ESF)，可用于初始化 PS 子系统和 PL 子系统，固化操作系统并存放平台程序、应用程序代码及运行过程中的事件信息和录波数据。FLASH 的工作电压为 3.3 V。

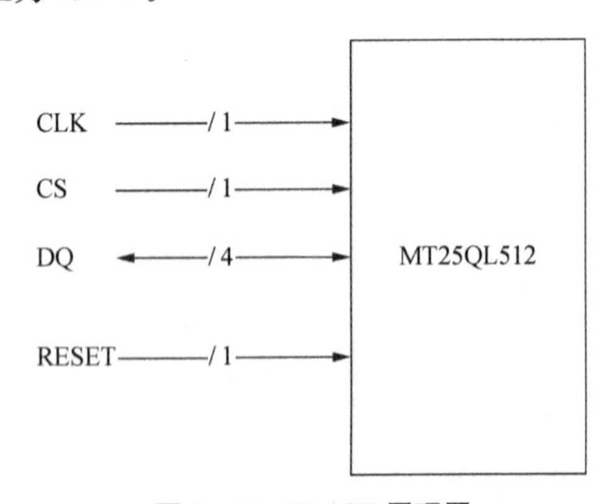

图 3-11 FLASH 原理图

FLASH 原理图如图 3-11 所示，其中 CLK 为时钟信号线，CS 为片选地址信号线，DQ 为输入/输出数据信号线，RESET 为复位信号线。

5）JTAG

JTAG 为测试访问端口，能够提供对处理器内部的访问。ZYNQ 支持级联模式和独立模式，可分别通过 DAP 对 ARM 以及 TAP 对 FPGA 进行调试。使用 JTAG，可控制 ARM、FPGA 芯片管脚状态为测试模式，运行测试程序。

JTAG 原理图如图 3－12 所示，其中 TCK 为测试时钟输入信号，TMS 为测试模式选择信号，TDI 为测试数据输入信号，TDO 为测试数据输出信号。

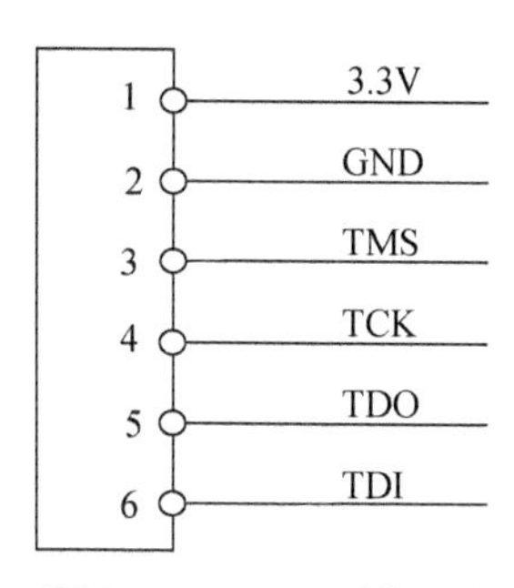

图 3－12　JTAG 原理图

3.2.4　PCB 设计

CPU 模件的 PCB 设计中一个非常关键的设计是叠层设计。本章所介绍的 ZYNQ 平台的 PCB 设计共分为 10 层，从顶层到底层依次为 Top、Gnd02、Art03、Power04、Gnd05、Art06、Power07、Art08、Art09、Bottom。在 PCB 布局中，芯片放置在中间位置，DDR3、FLASH 靠近芯片放置。

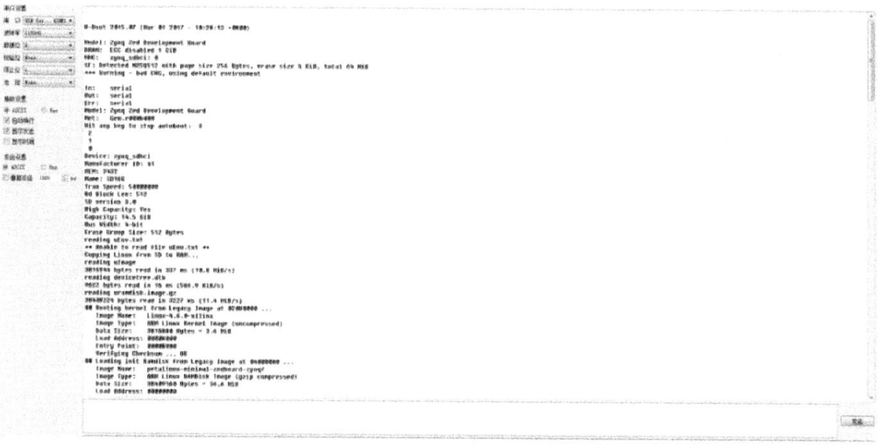

图 3－13　ZYNQ 串口打印界面

3.3 ZYNQ 硬件平台的输出

搭建 Linux 操作系统,下载程序。程序下载完毕后连接串口,当串口打印界面中出现"zynq"时表明 ARM 内核运行,整个 ZYNQ 平台可以正常工作。ZYNQ 串口打印界面如图 3-13 所示。

3.4 本章小结

本章从变电站综合测试系统的应用需求着手,介绍了 ZYNQ 平台如何选择、构建,并搭建了 ZYNQ 硬件平台所需的硬件接口,从而为工程应用提供技术支撑。通过本章的学习,读者可以对 ZYNQ 硬件平台有一个简单的认识,为以后的硬件开发做一个铺垫。

4　I/O 硬件系统

4.1　开入回路

4.1.1　开入回路的输入

1）概述

开入回路是二次设备的重要组成部分，为装置提供传统开入量接入，包括检修状态、刀闸和开关位置等，可提供 220 V、110 V 等多种不同的选装方式。在开入回路中光电耦合器应用较为广泛。光电耦合器是把发光器件和光敏器件封装在一起，实现光-电、电-光的一种转换器件，对输入、输出电信号具有良好的隔离作用，可实现光-电-光隔离，消除电磁干扰。

2）技术要求

开入回路需符合电力行业中 DL/T 478—2013 第 4.5 节的相关规定，即在直流电压 55%以下可靠不动作，直流电压 70%以上可靠动作。

4.1.2　开入回路的工具与技术

1）总体设计

光耦开入回路如图 4－1 所示，对外接口端子输入＋KM，通过开入回路的转换将直流信号转换成 DI_IN 信号再传送给母板接口端子。图中，＋KM 代表直流电压的正极(－KM 代表直流电压的负极)。

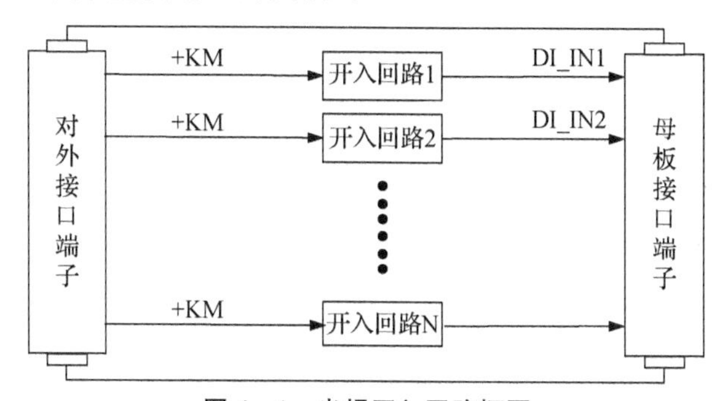

图 4－1　光耦开入回路框图

2）器件选型

(1) 光电耦合器

设计中选用的光电耦合器型号是 TLP627，光耦电路示意图如图 4－2 所示。该光耦为达林顿光耦，CTR 变化范围很大，驱动电流 1 mA 时典型值为 4000(%)，最小值为1000(%)。

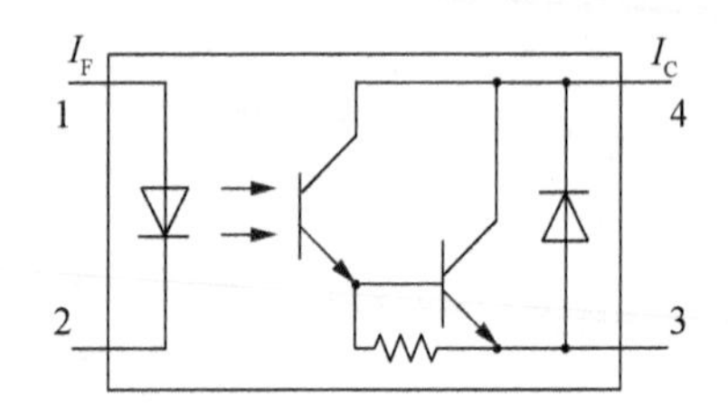

图 4－2　光耦电路示意图

(2) 金属膜电阻

与外部端子有电气连接的电阻采用的是大功率金属膜电阻，该电阻可提高回路的抗浪涌干扰能力。在工程应用中常选择功率为 1 W 以上的金属膜电阻。

3) 原理图设计

开入回路的主要功能是采集直流开关量状态并上送 CPU 模件，即实现对直流开关量输入信号的采集和上送。

如图 4－3 所示为开入模件上的一路直流开关量输入电路示意图。该开入回路前端主要由分压电阻 R_1 和 R_2、分流电阻 R_3、稳压管 D_2、保护二极管 D_1 和 D_3、光耦 D_4 等元器件组成，后端主要由上拉电阻 R_4 及施密特触发器 D_5 组成。其中，分压电阻主要控制回路稳态工作电流；分流电阻主要控制稳态光耦电流来降低光耦敏感度；稳压管进行开入信号门槛值控制；二极管 D_3 用于输入反接时保护光耦；光耦实现开关量输入信号的隔离，通过施密特触发器将信号整形为 CPU 能读取的 TTL 逻辑电平“1”或“0”信号。

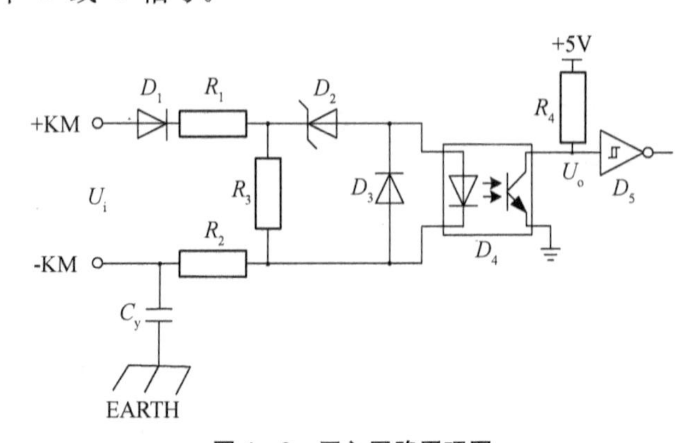

图 4－3　开入回路原理图

光耦驱动电流的计算公式为

$$
\begin{aligned}
I_F &= I_1 - I_2 - I_L \\
&= \frac{U_i - U_Z - U_F}{R_1 + R_2} - \frac{U_Z + U_F}{R_3} - I_L
\end{aligned} \tag{4-1}
$$

式中，I_F为光耦驱动电流，I_1为R_1、R_2通过电流，I_2为R_3通过电流，I_L为D_3漏电流，U_Z为D_2稳压值，U_F为D_4中二极管正向导通电压。

输入电压U_i从0开始上升，R_3电阻分压达到稳压管稳压值前光耦都不会有驱动电流，光耦输出端U_o维持5 V不变。R_3电阻电压超过稳压值后，光耦开始有驱动电流，输出端电压逐渐降低。当电压低于施密特触发器转换门槛时，触发器输出电平改变。在公共端－KM通过Y1安规电容连接到机壳保护地，以提供共模干扰的泄放通道。

4）PCB设计

将元器件进行电压等级划分，光电耦合器D_4左侧的器件为I类信号，右侧的器件为III类信号，并在元器件布局时设置电气规则。

4.1.3 开入回路的输出

设计的220 V开入回路，在实验中施加直流电压，能实现70%额定电压可靠动作，55%额定电压可靠不动作。在实际应用中，用户可根据需要更改稳压管D_2的型号以适应不同电压等级的直流开关量输入电压（120 V稳压管适用于220 V直流输入，62 V稳压管适用于110 V直流输入）。

在工程应用中，为了节约DI模件数量，常在一个单模件中设计几十路开入使用一个公共端。为了保证开入信号的可靠性，当多路开入使用一个公共端时，建议采用类似图4－4所示的开入模件背板图（本图为21路开入模件背板图）。

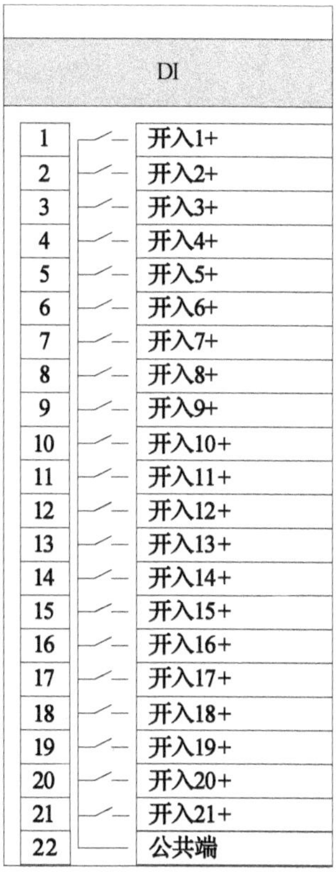

DI	
1	开入1+
2	开入2+
3	开入3+
4	开入4+
5	开入5+
6	开入6+
7	开入7+
8	开入8+
9	开入9+
10	开入10+
11	开入11+
12	开入12+
13	开入13+
14	开入14+
15	开入15+
16	开入16+
17	开入17+
18	开入18+
19	开入19+
20	开入20+
21	开入21+
22	公共端

图4－4 开入模件背板图

4.2 开出回路

4.2.1 开出回路的输入

1）概述

开出回路是二次设备的重要组成部分，主要功能是向外部提供闭合或断开的接点，实现开关合闸、跳闸等。开出回路常采用电磁继电器实现出口。继电器是典型的低压控制高压的元器件，主要由控制线圈电流所产生的电磁吸力驱动磁路中的触点开、合，从而实现输入与输出隔离。

在装置类产品中，常选用电磁继电器、干簧继电器、光耦继电器、单管 IGBT 相互结合实现开出回路。元器件的动作时间和释放时间是一个很重要的技术指标，表 4－1 所示为以上几种常用元器件的动作时间和释放时间，读者可以根据实际工程的要求选用不同的元器件。

表 4－1　几种常用开关元器件的比较

序号	名称	动作时间(ms)	释放时间(ms)
1	电磁继电器	2.5～7.5	1.5～3.5
2	干簧继电器	0～3	0～1.5
3	光耦继电器	0.5～5	0.04～1
4	单管 IGBT	0～0.1	0～0.1

2）技术要求

开出接点需符合 DL/T 478—2013 中第 4.5 节的相关规定；开出接点容量支持 220 V AC/DC，连续载流能力达到 5 A。

4.2.2　开出回路的工具与技术

1）总体设计

开出功能在实现过程中，为了保证信号的可靠性，一般分为两个控制环节，即启动＋驱动（具体过程如图 4－5 所示）。从图中可以发现，继电器线圈两端由启动、驱动两个开关信号控制，只有在两个信号都有效情况下继电器才会得电动作。

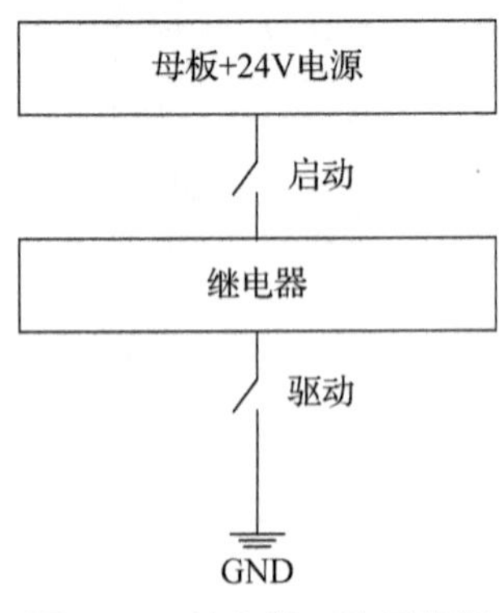

图 4－5　继电器工作示意图

2）器件选型

（1）电磁继电器

电磁继电器示意图如图 4－6 所示。图中，1 和 16 为线圈，5 和 8 为常开触点，

9 和 16 为常闭触点。

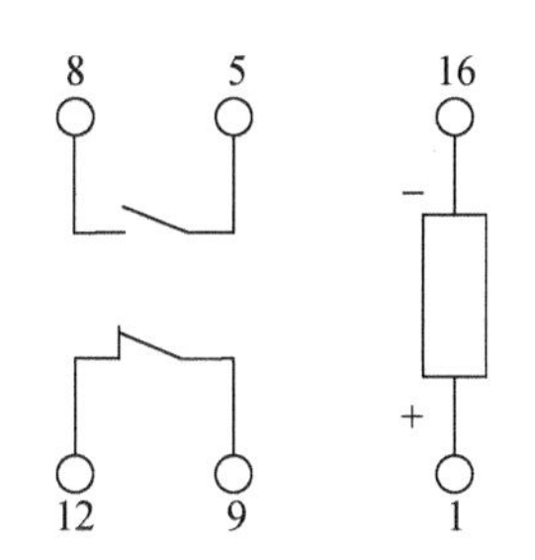

图 4-6 电磁继电器示意图

选用额定电压为 24 V 的电磁继电器型号为 DSP1a1b,其主要技术指标如下:

① 额定工作电压:24 V。

② 触点负载容量:5 A,250 VAC;5 A,30 VDC。

③ 线圈内阻:1.92 kΩ。

④ 动作时间:2.5~7.5 ms。

⑤ 释放时间:1.5~3.5 ms。

在额定电压 110%时,电磁继电器最快动作时间是 2.5 ms 左右;在额定电压 100%时,电磁继电器最快动作时间是 3 ms 左右。具体时间与电压比的关系如图 4-7所示。

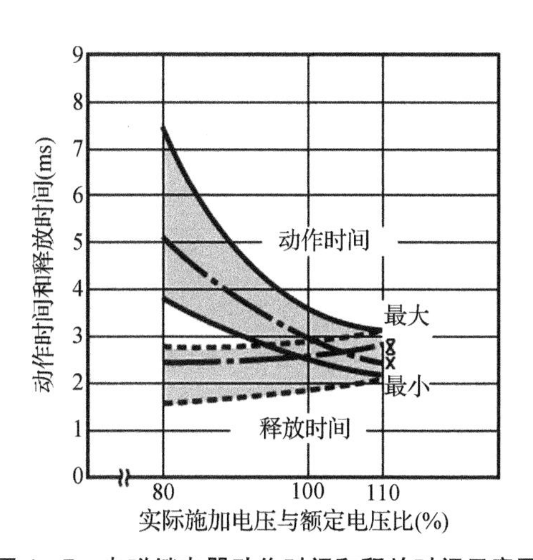

图 4-7 电磁继电器动作时间和释放时间示意图

(2) 光耦继电器

光耦继电器是由光电效应控制触点开与合的继电器,其特点是动作较快,容量大,可以控制多路继电器的 24 V 电源。光耦继电器示意图如图 4-8 所示。

这里选用的光耦继电器型号为 AQY212，其主要技术指标如下：

① 负载容量：60 V，0.55 A；

② 动作时间：1～4 ms；

③ 释放时间：0.05～1 ms；

④ 导通内阻：0.85～2.5 Ω；

⑤ 隔离电压：5500 V。

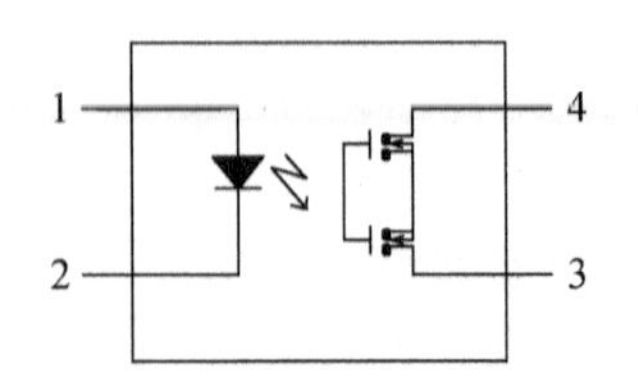

图 4－8　光耦继电器示意图

3）原理图设计

（1）负载功耗计算

继电器所需的电源为 24 V，由母板提供。在设计 DO 模件时，由于单板功耗较大，需计算整板继电器的工作电压及功率。例如单板有 11 路出口，需要 11 个继电器，则继电器所需的额定功率为

$$P_L = 11UI = 11 \times 24 \times 0.012 = 3.168(\mathrm{W}) \tag{4-2}$$

若 AQY212 光耦继电器作为所用继电器的＋24 V 选通开关，则 11 个继电器的电流为 0.132 A，远远小于其最大通流 0.55 A。

（2）控制回路

CPU 的 I/O 通过光耦进行隔离（这里选用的光耦为 TLP627），通过光耦控制电源－24 V 并施加到继电器线圈的负端。开出回路如图 4－9 所示，其中，D_1 为光耦继电器；D_2 为光耦，作为线圈电源－24 V 的控制端；K_1 的输出接点分常开接点 OUT1＋、OUT1－，常闭接点 OUT2＋、OUT2－。

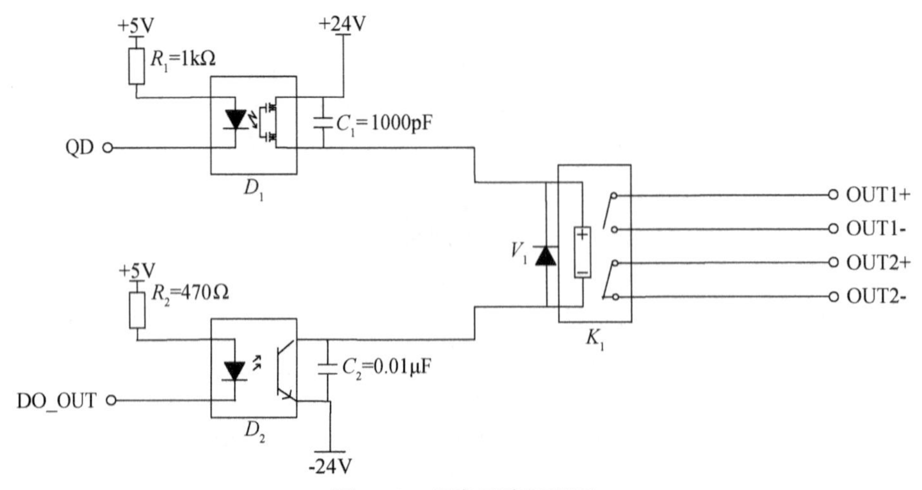

图 4－9　开出回路原理图

通过图 4－9 可知，继电器动作需要满足三个条件：

① 光耦继电器 D_1 动作，使继电器 K_1 的线圈得＋24 V；

② 光耦 D_2 动作，使继电器 K_1 的线圈得－24 V；

③ 施加在继电器线圈两端的工作电压要满足继电器动作时间（大于 3 ms）。

为了增强系统的可靠性，在 D_1 的副边并联 1000 pF 电容，在 D_2 的副边并联 0.01 μF 电容，以及在继电器线圈两端反向并联续流二极管，可消耗线圈两端的感应电动势，提高回路的抗干扰能力。

4）PCB 设计

将元器件进行电压等级划分，D_1 和 D_2 左侧的器件为 I 类信号，D_1、D_2 和 K_1 之间的器件为 II 类信号，K_1 右侧的器件为 III 类信号，并在元器件布局时设置电气规则。

4.2.3 开出回路的输出

采用光耦继电器实现对继电器＋24 V 电源的启动控制，并通过光耦实现对继电器线圈－24 V 电源的驱动控制。所设计的继电器开出回路，在试验中对光耦继电器、光耦控制时继电器可靠动作。下面图 4－10 所示为 11 路开出模件背板图。

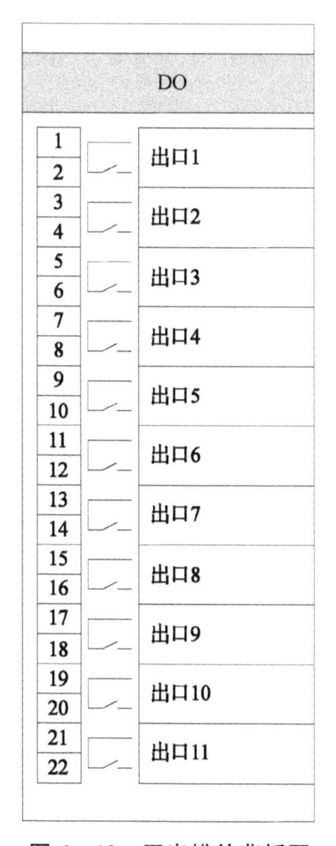

图 4－10 开出模件背板图

4.3 互感器回路

4.3.1 互感器回路的输入

1）概述

互感器的主要功能是将二次侧电压或电流转换为0～5 V电压信号，从而实现强电到弱电的变换，保证了一次回路与二次回路的电气隔离。互感器主要分为电压互感器和电流互感器。

2）技术要求

用于测量的交流模拟量幅值误差和相位误差应符合GB/T 20840.7—2007中第12.5节的规定(详见表4-2)及GB/T 20840.8—2007中第12.2节的规定(详见表4-4和表4-5)；用于保护的交流模拟量幅值误差和相位误差应符合GB/T 20840.7—2007中第13.5节的规定(详见表4-3)及GB/T 20840.8—2007中第13.1.3节的规定(详见表4-6)。

表4-2 测量用电压互感器的误差限值

<table>
<tr><th rowspan="3">准确级</th><th colspan="3">误差限制</th></tr>
<tr><th rowspan="2">电压(比值)误差
±(%)</th><th colspan="2">相位误差</th></tr>
<tr><th>±(′)</th><th>±(crad)</th></tr>
<tr><td>0.1</td><td>0.1</td><td>5</td><td>0.15</td></tr>
<tr><td>0.2</td><td>0.2</td><td>10</td><td>0.3</td></tr>
<tr><td>0.5</td><td>0.5</td><td>20</td><td>0.6</td></tr>
<tr><td>1</td><td>1.0</td><td>40</td><td>1.2</td></tr>
<tr><td>3</td><td>3.0</td><td>不规定</td><td>不规定</td></tr>
</table>

表4-3 保护用电压互感器的误差限值

<table>
<tr><th rowspan="4">准确级</th><th colspan="9">在下列额定电压(%)下</th></tr>
<tr><th colspan="3">2</th><th colspan="3">5</th><th colspan="3">X^a</th></tr>
<tr><th rowspan="2">电压(比值)误差±(%)</th><th colspan="2">相位误差</th><th rowspan="2">电压(比值)误差±(%)</th><th colspan="2">相位误差</th><th rowspan="2">电压(比值)误差±(%)</th><th colspan="2">相位误差</th></tr>
<tr><th>±(′)</th><th>±(crad)</th><th>±(′)</th><th>±(crad)</th><th>±(′)</th><th>±(crad)</th></tr>
<tr><td>3P</td><td>6</td><td>240</td><td>7.0</td><td>3</td><td>120</td><td>3.5</td><td>3</td><td>120</td><td>3.5</td></tr>
<tr><td>6P</td><td>12</td><td>480</td><td>14.0</td><td>6</td><td>240</td><td>7.0</td><td>6</td><td>240</td><td>7.0</td></tr>
</table>

注：X^a 表示额定电压因数乘以100。

表 4-4 测量用电流互感器的误差限值

准确级	在下列额定电流(%)下的电流(比值)误差±(%)				在下列额定电流(%)下的相位误差							
					±(′)				±(crad)			
	5	20	100	120	5	20	100	120	5	20	100	120
0.1	0.4	0.2	0.1	0.1	15	8	5	5	0.45	0.24	0.15	0.15
0.2	0.75	0.35	0.2	0.2	30	15	10	10	0.9	0.45	0.3	0.3
0.5	1.5	0.75	0.5	0.5	90	45	30	30	2.7	1.35	0.9	0.9
1.0	3.0	1.5	1.0	1.0	180	90	60	60	5.4	2.7	1.8	1.8

表 4-5 特殊用途测量用电流互感器的误差限值

准确级	在下列额定电流(%)下的电流(比值)误差±(%)					在下列额定电流(%)下的相位误差									
						±(′)					±(crad)				
	1	5	20	100	120	1	5	20	100	120	1	5	20	100	120
0.2S	0.75	0.35	0.2	0.2	0.2	30	10	10	10	10	0.9	0.45	0.3	0.3	0.3
0.5S	1.5	0.75	0.5	0.5	0.5	90	45	30	30	30	2.7	1.35	0.9	0.9	0.9

表 4-6 保护用电流互感器的误差限值

准确级	在额定一次电流下的误差限制			在额定准确限值一次电流下的复合误差(%)	在准确限值条件下的最大峰值瞬时误差(%)
	电流误差±(%)	相位误差			
		±(′)	±(crad)		
5P	1	60	1.8	5	10
5TPE	1	60	1.8	5	—

4.3.2 互感器回路的工具与技术

1）总体设计

一次侧电压或电流信号接入二次电压互感器或电流互感器，经过二阶滤波后输入到 A/D 转换器，采样后的数据由 CPU 处理后输出数字信号。传统 CT 或 PT 通过 A/D 采样，将数字信号传给 CPU。交流采样回路总体设计框图如图 4-11 所示。

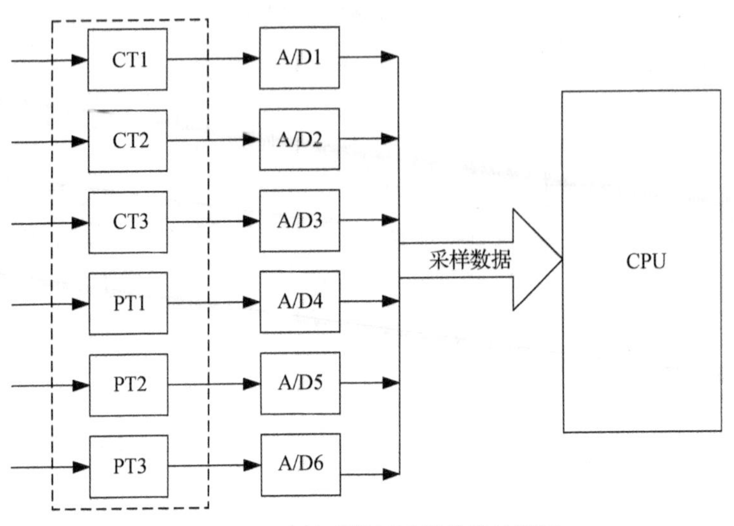

图 4 - 11　交流采样回路总体设计框图

2）器件选型

（1）电压互感器

电压互感器分为保护用电压互感器和测量用电压互感器，其功能是将二次侧电压 100 V 换为电压 5 V 范围内的电压信号。电压互感器等值电路原理图如图 4 - 12 所示。

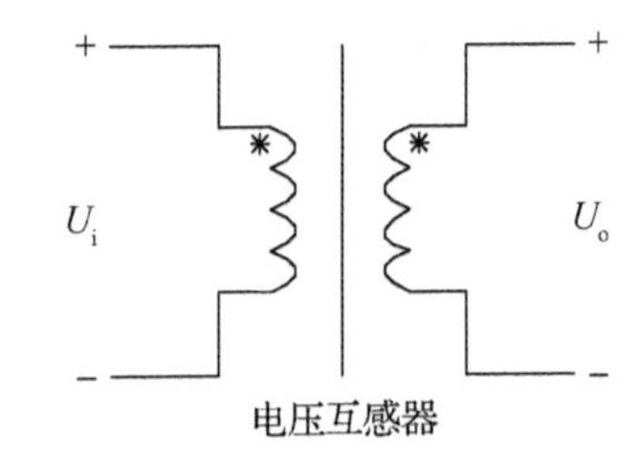

图 4 - 12　电压互感器等值电路原理图

（2）电流互感器

电流互感器分为保护用电流互感器和测量用电流互感器，其功能是将二次侧电流 5 A/1 A 换为电压 5 V 范围内的电压信号。电流互感器等值电路原理图如图4 - 13所示。

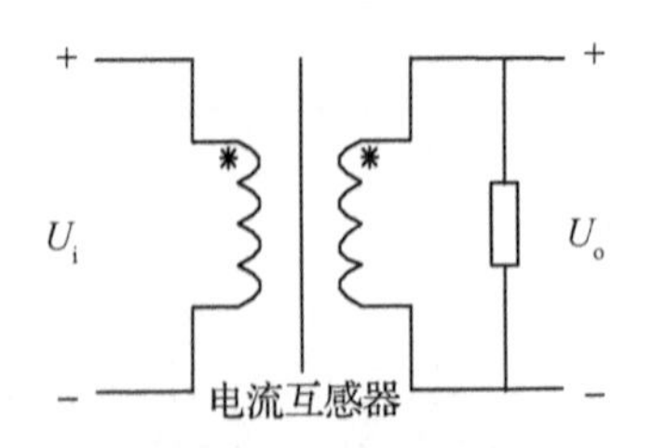

图 4 - 13　电流互感器等值电路原理图

保护用电流互感器选型时，需要注意保护装置对电流的最大动态范围要求。在 DL/T 1075—2007 中规定电流的动态范围为 $40I_N$，因此，如选用 A/D 芯片的量程为±5 V，其选用的电流互感器变比不能超过 U_N：

$$U_N = \frac{5/\sqrt{2}}{40} = 0.0884(\mathrm{V}) \qquad (4-3)$$

式中,U_N 为互感器的二次输出额定电压。

为满足精度的要求,可根据互感器的用途不同,参照表 4-7 进行选型。

表 4-7 互感器分类

序号	种类	原边线圈与副边线圈变比
1	保护用电压互感器	100 V/1.765 V
2	测量用电压互感器	100 V/1.765 V
3	保护用电流互感器	1 A/0.0875 V
4	保护用电流互感器	5 A/0.0875 V
5	测量用电流互感器	1 A/1.765 V
6	测量用电流互感器	5 A/1.765 V

3) 原理图设计

在交流模件中,三路电压互感器、三路电流互感器回路的原理图如图 4-14 所示。这里,互感器的副边的非同名端为相同的网络标号 AGND,各互感器的屏蔽层对保护地之间通过安规电容(C_y)泄放干扰。

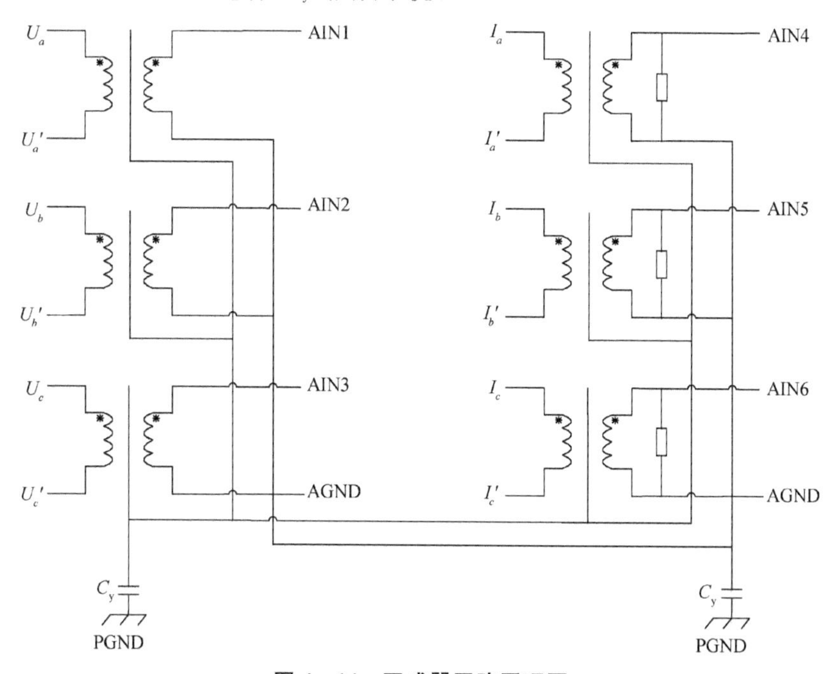

图 4-14 互感器回路原理图

4) PCB 设计

在交流模件的 PCB 布线中,交流采样回路的副边的输出线要尽可能短,

AGND可以做敷铜处理，但面积不宜太大，以减小回流面积。

4.3.3 互感器回路的输出

设计的三相保护电流互感器（I_a，I_b，I_c）、三相测量电流互感器（I_{ma}，I_{mb}，I_{mc}）以及三相电压互感器（U_a，U_b，U_c），其背板图如图4-15所示。

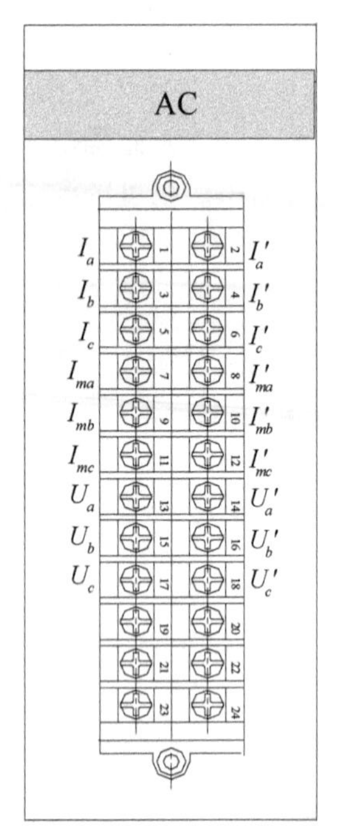

图4-15 交流模件背板图

4.4 A/D回路

4.4.1 A/D回路的输入

1）概述

模数转换器（即A/D转换器）是把连续的模拟信号转变为离散数字信号的器件。随着技术的发展，常用的A/D转换器具有采样和数字滤波功能，二次互感器输出的信号可以直接接入①。

2）技术要求

采样回路主要包括A/D和滤波回路，谐波含量应满足GB/T 19862中第5.2.2节的要求（详见表4-8）。

表4-8 谐波误差限值

等级	被测量	条件	允许误差
A	电压	$U_h \geqslant 1\% U_n$ $U_h < 1\% U_n$	$5\% U_n$ $0.05\% U_n$
	电流	$I_h \geqslant 3\% I_n$ $I_h < 3\% I_n$	$5\% I_n$ $0.15\% I_n$
B	电压	$U_h \geqslant 3\% U_n$ $U_h < 3\% U_n$	$5\% U_n$ $0.15\% U_n$
	电流	$I_h \geqslant 10\% I_n$ $I_h < 10\% I_n$	$\pm 5\% I_n$ $0.5\% I_n$

注：U_n为标称电压，I_n为标称电流，U_h为谐波电压，I_h为谐波电流。

4.4.2 A/D回路的工具与技术

1）总体设计

A/D回路的主要功能是把模拟信号转换为数字信号并提供给CPU，其主要包

① 杨奇勋，黄少锋. 微型机继电保护原理[M]. 4版. 北京：中国电力出版社，2013.

括 RC 滤波回路、A/D 转换器回路两部分(如图 4-16 所示)。

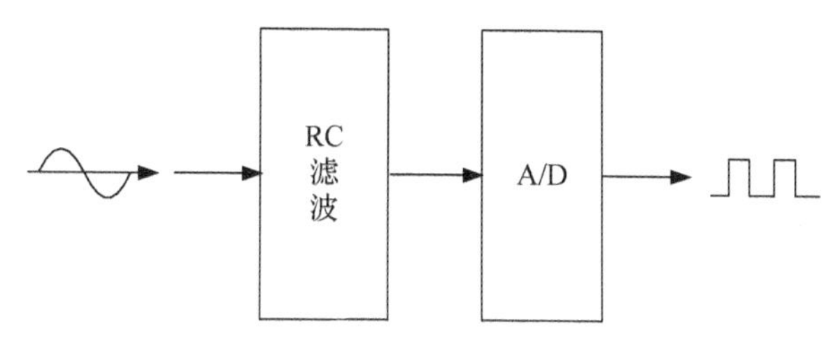

图 4-16　A/D 回路总体设计图

2）器件选型

采用 ADI 公司的 AD7606，具有 16 位、8 通道、同步采样等特征，各通道的采样率最高可达 200kSPS；基准电压可以选用其内置的内部基准电压，也可以选用外部的基准电压(2.5 V)，且输入电压范围可选，并能够支持±10 V 或±5 V 的双极性输入信号。

AD7606 内部集成了模拟输入钳位保护、二阶抗混叠滤波器、跟踪保持放大器、16 位电荷再分配逐次逼近型 A/D 转换器、数字滤波器、2.5 V 基准电源、高速串行和并行接口。通过控制 STBY 引脚，可以控制 AD7606 的工作模式——正常工作模式、待机模式和关断模式。AD7606 内部结构如图 4-17 所示。

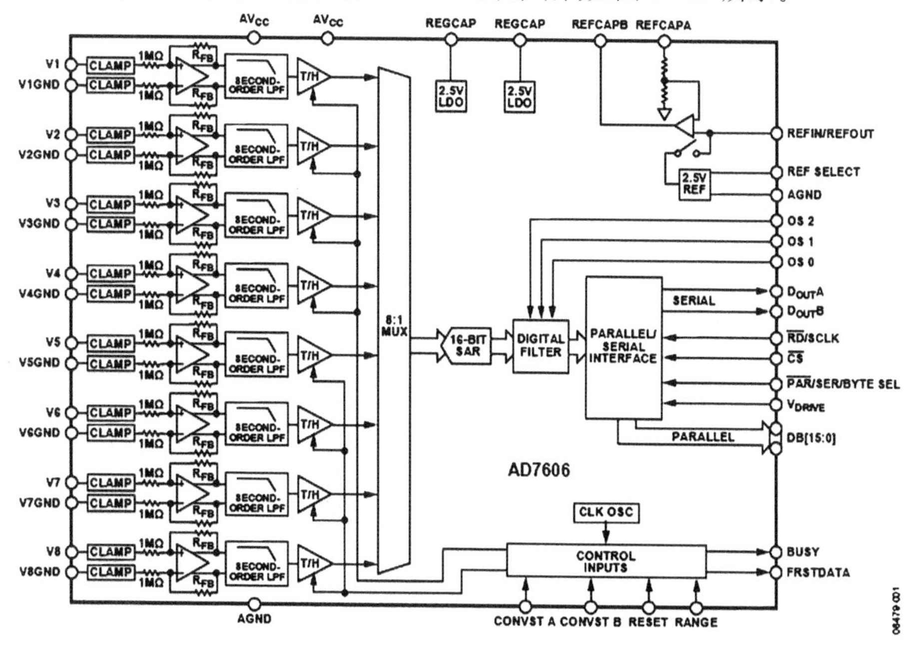

图 4-17　AD7606 内部结构

3）仿真分析

为了防止高频信号“混叠”到低频段，常在 AD7606 前端加二阶滤波。二阶滤波原理图如图 4-18 所示。

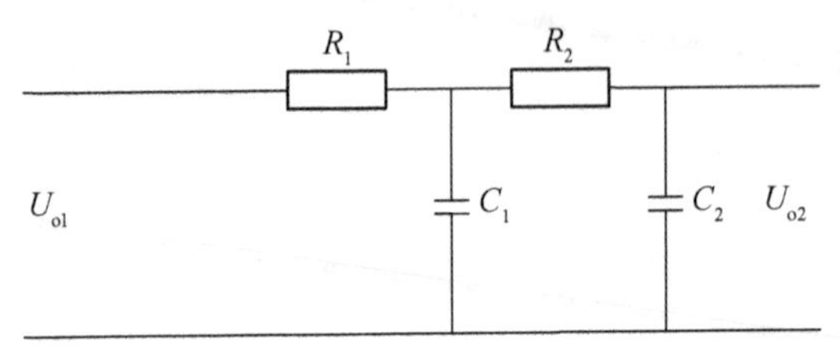

图 4-18　二阶滤波原理图

考虑到 50 Hz 为基带信号，需要测量 20 次谐波，则对 AD7606 的要求是 50 Hz ×20=1 kHz。按照奈奎斯特采样定理，为保证采样信号不失真，采样频率必须大于信号最高频率的两倍，且采样速率至少在 1 kHz 以上。

本节采用 Matlab 进行仿真分析，计算 1～20 次谐波的幅值增益和相角偏移。其中，二阶滤波的传递函数为

$$H(s)=\frac{U_o(s)}{U_i(s)}=\frac{\frac{1}{sC_2}}{R_2+\frac{1}{sC_2}}\cdot\frac{\left(R_2+\frac{1}{sC_2}\right)||\frac{1}{sC_1}}{\left(R_2+\frac{1}{sC_2}\right)||\frac{1}{sC_1}+R_1}\tag{4-4}$$

$$=\frac{1}{R_1R_2C_1C_2s^2+(R_1C_1+R_1C_2+R_2C_2)s+1}$$

将 $s=j\omega$ 带入式(4-4)，可以得出频域特性公式：

$$H(j\omega)=\frac{1}{(1-R_1R_2C_1C_2\omega^2)+j\omega(R_1C_1+R_1C_2+R_2C_2)}\tag{4-5}$$

再由式(4-5)，可以得到幅频公式、相频公式分别为

$$A=|H(j\omega)|=\sqrt{\frac{1}{(1-R_1R_2C_1C_2\omega^2)^2+(R_1C_1+R_1C_2+R_2C_2)^2\omega^2}}\tag{4-6}$$

$$\varphi=\angle H(j\omega)=\arctan\frac{-(R_1C_1+R_1C_2+R_2C_2)\omega}{1-R_1R_2C_1C_2\omega^2}\tag{4-7}$$

在传递函数中，我们选取的参数为 $R_1=8.6\ \text{k}\Omega$，$R_2=2\ \text{k}\Omega$，$C_1=5.6\ \text{nF}$，$C_2=3.3\ \text{nF}$。编写 M 文件程序代码如下：

```
1.    R1=8.6*10^3;
2.    R2=2*10^3;
3.    C1=5.6*10^-9;
```

```
4.   C2=3.3*10^-9;
5.   pi=3.1415926;
6.   N=20;
7.   for i=1:N
8.       w(i)=2*pi*i*50;
9.   end
10.  for i=1:N
11.      m(i)=sqrt(1/((1-R1*R2*C1*C2*w(i)^2)^2+
12.              ((R1*C1+R1*C2+R2*C2)^2)*w(i)^2));
13.      ang(i)=180/pi*atan(-(R1*C1+R1*C2+R2*C2)*w(i)/
14.               (1-R1*R2*C1*C2*w(i)^2));
15.  end
16.  b1=R1*R2*C1*C2;
17.  b2=R1*C1+R1*C2+R2*C2;
18.  P=bodeoptions;
19.  P.Grid='on';
20.  P.XLim={[10 10000]};
21.  P.XLimMode={'manual'};
22.  P.FreqUnits='HZ';
23.  num=[1];
24.  den=[b1 b2 1];
25.  H=tf(num,den);
```

程序运行后的幅频、相频曲线如图 4－19 所示。

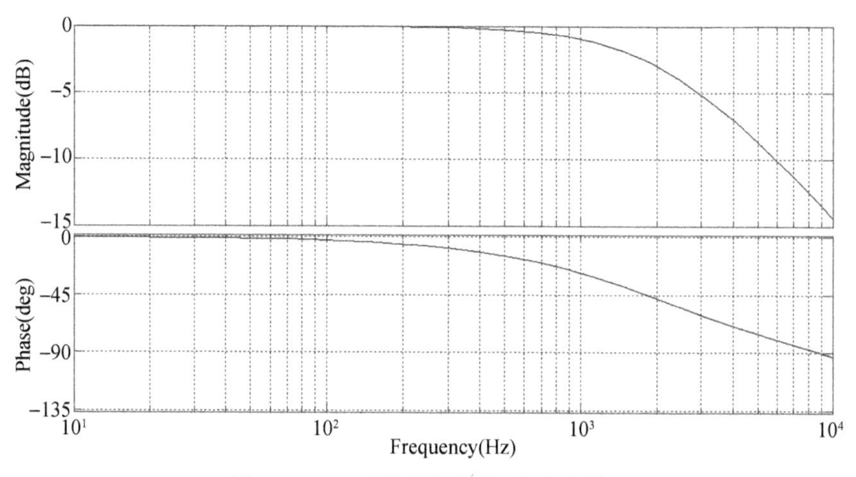

图 4－19　二阶滤波器幅频、相频特性图

1～20 次谐波的幅值增益和相角偏移如表 4-9 所示。

表 4-9　不同谐波下的幅值增益与相角偏移

谐波(次)	幅值增益(dB)	相角偏移(°)
1	0.9997	−1.4962
2	0.9988	−2.9907
3	0.9972	−4.4817
4	0.9951	−5.9674
5	0.9923	−7.4463
6	0.9890	−8.9166
7	0.9852	−10.3768
8	0.9807	−11.8254
9	0.9758	−13.2610
10	0.9704	−14.6822
11	0.9645	−16.0879
12	0.9582	−17.4768
13	0.9514	−18.8478
14	0.9443	−20.2001
15	0.9368	−21.5329
16	0.9290	−22.8452
17	0.9209	−24.1366
18	0.9126	−25.4065
19	0.9040	−26.6543
20	0.8952	−27.8798

4）原理图设计

由于 AD7606 的低噪声、模拟输入阻抗较高，以及输入端具有抗混叠抑制特性的滤波器，因此无需增加额外的采样保持电路，二次互感器输出的信号经二阶滤波后可以直接接入 AD7606。AD7606 及外围电路如图 4-20 所示。

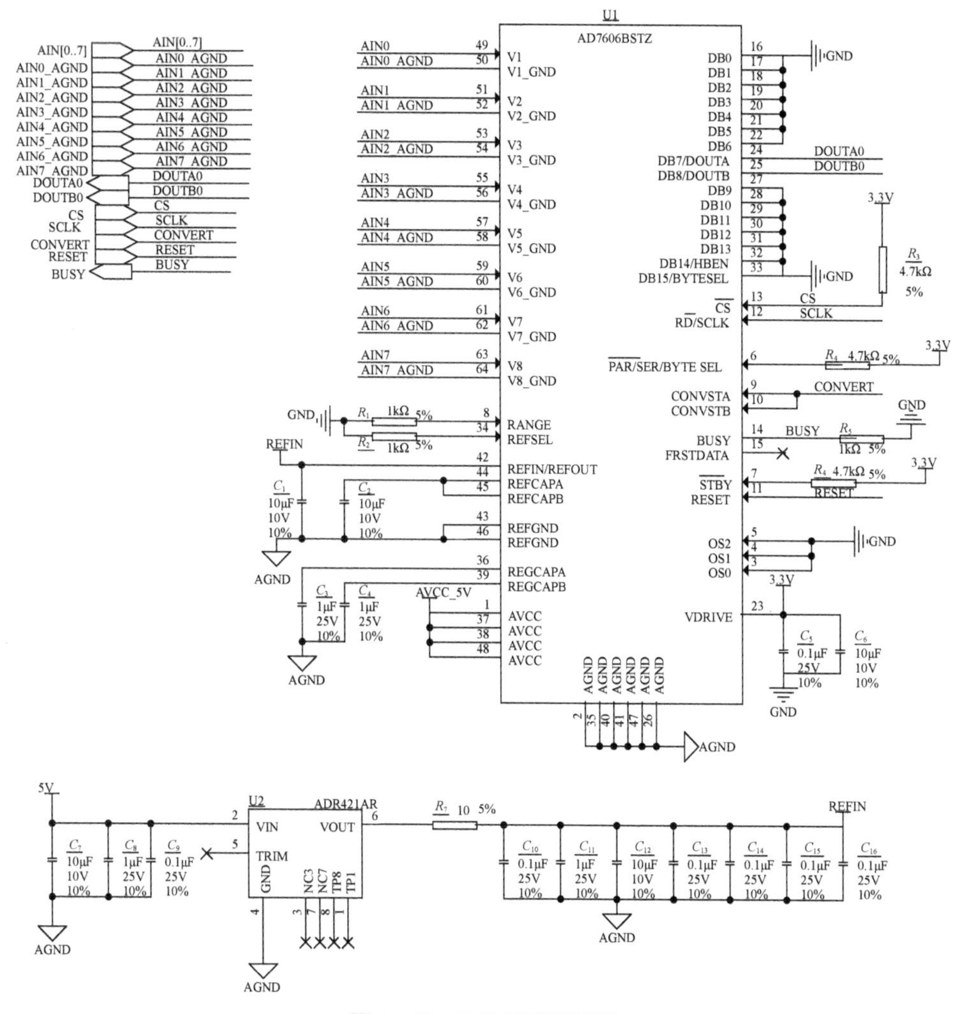

图 4－20　A/D 回路原理图

A/D 回路要特别注意地线的连接，否则干扰将很严重。A/D 芯片均有独立的数字地和模拟地，分别有响应的管脚，在线路设计中数字地层和模拟地层应该在板上的某一处连接到一起，L_3 可以用 0 Ω 电阻或磁珠直接连接(如图 4－21 所示)。

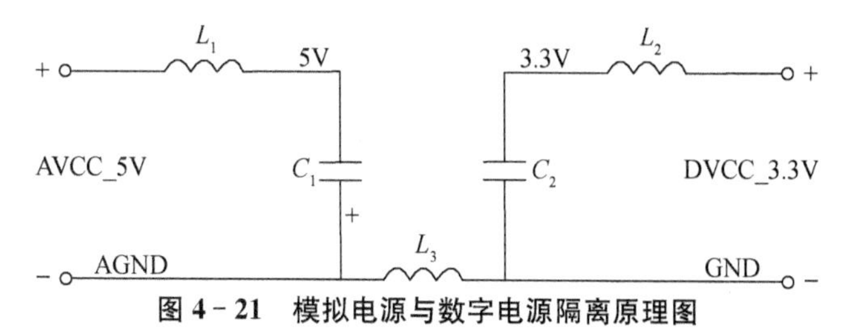

图 4－21　模拟电源与数字电源隔离原理图

5) PCB设计

在叠层设计中,可参考AD7606的手册,表层和底层为走线层,中间两个内层分别为地平面、电源平面。在PCB布局布线中,常将模拟信号和数字信号进行分割,耦合电容靠近管脚放置。电源线应该尽量粗一些,这样可以尽量减小电源线的脉冲干扰。去耦电容器应尽量靠近器件,之间的连线要尽量短以减小感抗。

4.4.3 A/D回路的输出

在A/D回路设计中,采用基于Matlab建立的二阶滤波回路仿真模型进行系统仿真,确定系统参数,使其满足采样回路谐波含量的技术要求。电压采样后的输出波形如图4-22所示。

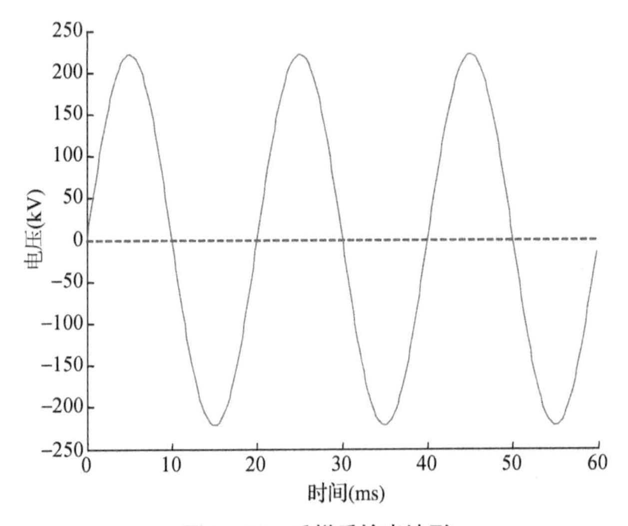

图4-22 采样后输出波形

4.5 D/A回路

4.5.1 D/A回路的输入

1) 概述

数模转换器(即D/A转换器)是把数字信号转换为模拟信号的器件。常用的数模转换器(DAC)只有一个数字输入端(SPI、IIC),但有一个或多个模拟输出端。

2) 技术要求

通过PL侧的FPGA可控制数模转换器实现模拟信号输出,输出电压的范围为−5~+5 V。

4.5.2 D/A回路的工具与技术

1）总体设计

基于DDS技术，采用FPGA控制ROM中的波形数据并送入到AD5362进行D/A转换，后级采用低通滤波器来提高波形质量（如图4-23所示）。

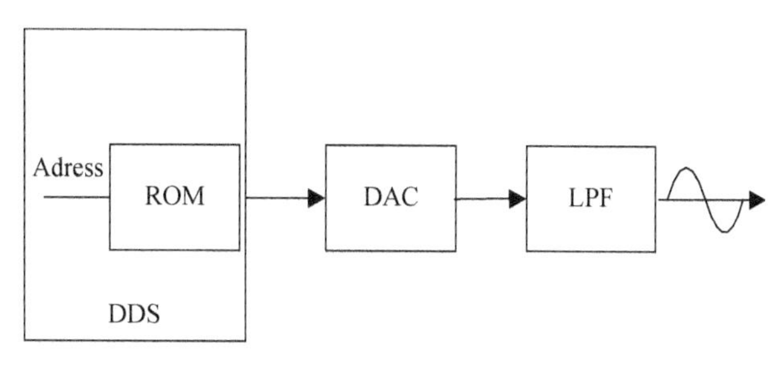

图4-23 D/A回路总体设计框图

2）器件选型

AD5362是ADI公司推出的8通道、16位输出型的串口数模转换器，支持SPI、QSPI、MI-CROWIRE和DSP接口进行通信连接，最高通信速率达50 MHz，输出电压范围为−10～+10 V或−5～+5 V，能满足测试系统的要求①。AD5362的内部结构如图4-24所示。

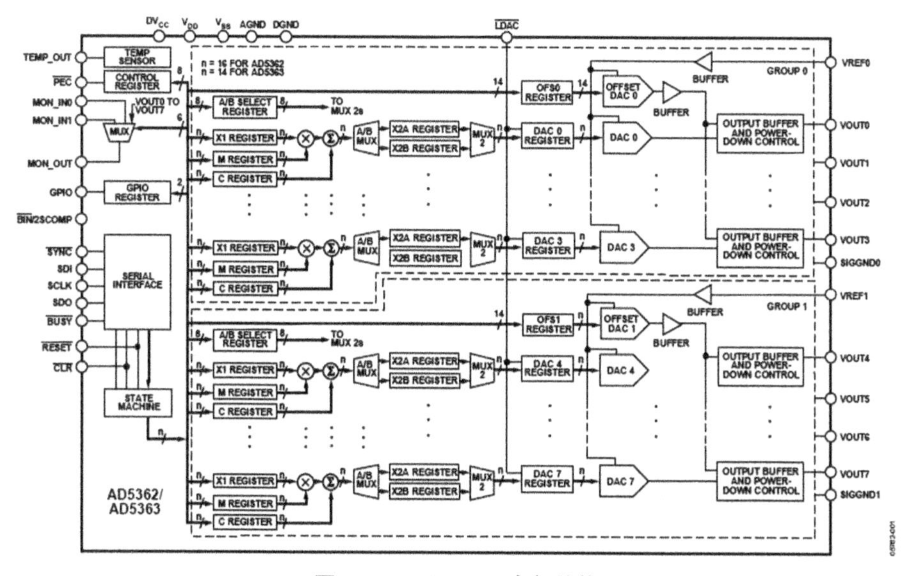

图4-24 AD5362内部结构

① 张建. 捣固车自动作业控制系统设计与实现[D]. 西南交通大学硕士学位论文，2014.

3）原理图设计

AD5362 支持 SPI 协议，可直接与 FPGA 的 I/O 连接，实现模拟信号输出。AD5362 能产生的双极性输出范围是基准电压值的 4 倍（例如 2.5 V 基准电压提供的范围为±5 V）。AD5362 共有 8 路 DAC 输出通道，分为独立的两组，并分别有一个独立基准电压输入引脚——VREF0 和 VREF1（VREF0 是 DAC0～DAC3 的基准电压源，VREF1 是 DAC4～DAC7 的基准电压源）。本节所设计的 VREF0 和 VREF1 为 2.5 V，可满足－5～＋5 V 的电压输出范围。

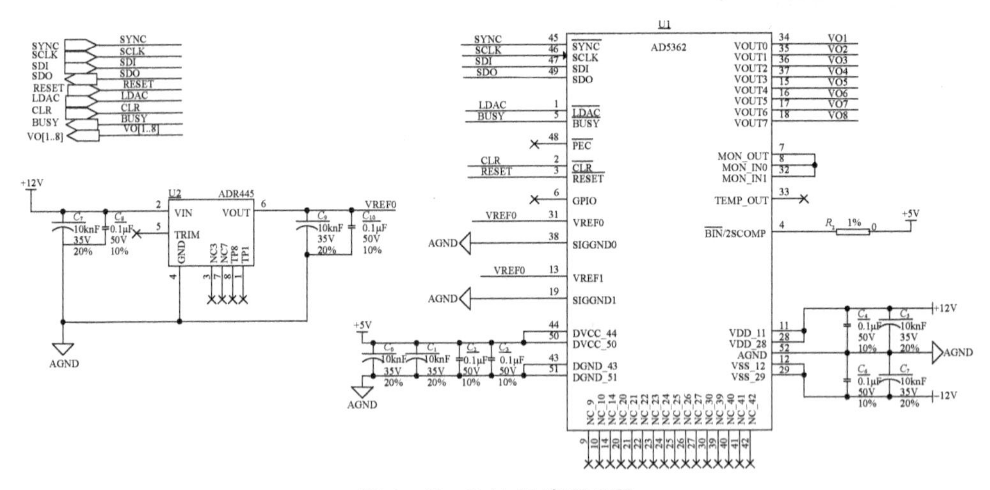

图 4－25　D/A 回路原理图

DAC 的原理图设计（见图 4－25）中，有几种不同的工作电压：AD5362 的数字电压为 3.3 V，AD5362 的模拟电压为 5 V，基准电压为 2.5 V，双极性输入电压为＋12 V、－12 V，因此需对电源隔离。模拟量输出回路中，AD5362 芯片的电源轨与其它芯片的电源轨也需要进行隔离。模拟量输出回路的数字电源为经 U_1 隔离后的＋5 V 隔离电源，模拟电源采用经 U_2 隔离后又经 LDO 线性稳压器输出的＋12 V、－12 V 隔离电源。模拟量输出回路采用 DC－DC 电源和 LDO 线性稳压器的综合方式对 AD5362 芯片提供隔离电源轨，可提高 AD5362 芯片的抗干扰能力。AD5362 芯片的数字电源为经过 DC－DC 隔离后的＋5 V 隔离电源，AD5362 芯片的模拟电源为 LDO 线性稳压器芯片输出的＋12 V、－12 V 隔离电源（如图 4－26所示）。ADR445 为精密基准电压源，可提供 2.5 V 稳定输出电压，是一种理想的参考电压源。

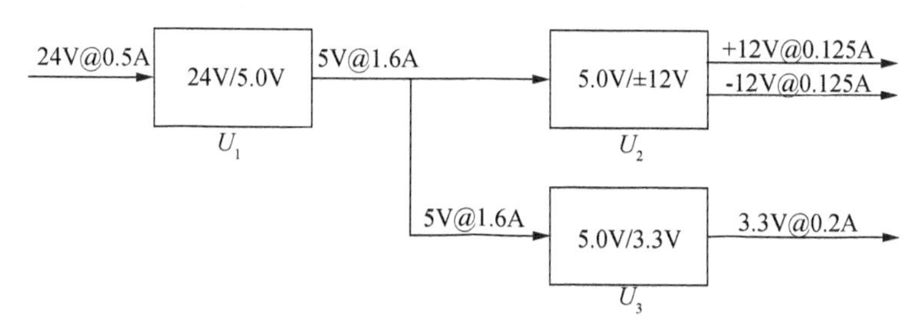

图 4-26 隔离电源模块框图

在每路模拟量电压信号的输出端加一阶 RC 滤波回路，可以滤除高次谐波(如图 4-27所示)。基波频率在 50 Hz 左右，13 次谐波为 650 Hz。设截止频率为 650 Hz，选 C 为 0.1 μF 的电容，则 R 为 2448 Ω(实际可选 C=0.1 μF 和 R=3 kΩ 组成一阶 RC 滤波)。

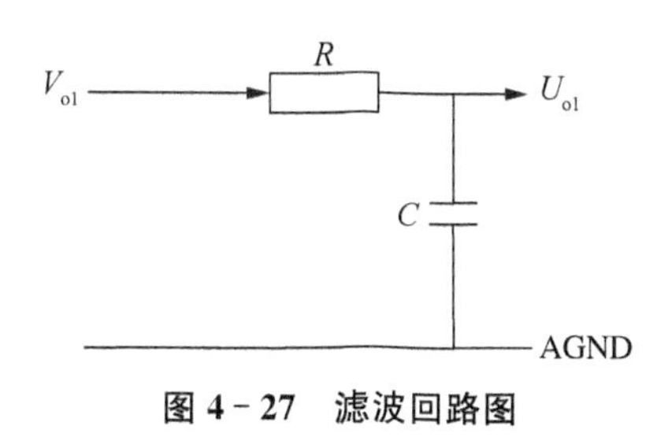

图 4-27 滤波回路图

在默认情况下，DAC 的输出是以 0 V 为中心，偏移寄存器的默认值为8192。通常根据手册推导，可得码值公式为

$$\text{DAC\_CODE}=\text{INPUT\_CODE}\times(\text{M}+1)/2^{16}+\text{C}-2^{15} \tag{4-8}$$

式中，DAC_CODE 的取值范围为 0～65535，$\text{M}=2^{16}-1$，$\text{C}=2^{15}$。

任意 DAC 通道的输出电压公式为

$$\text{VOUT}=4\times\text{VREF}\times(\text{DAC\_CODE}-(\text{OFFSET\_CODE}\times 4))/2^{16}+\text{V}_{\text{SIGGND}} \tag{4-9}$$

式中，VREF=2.5 V，OFFSET_CODE=8192。

4) PCB 设计

AD5362 的 VO1～VO7 输出端分别放置一阶 RC 滤波器(需靠近管脚放置)；SYNC、SCLK、SDI、SDO 做等长设置；C_0 和 C_2 靠近 DVCC_44 和 DGND_43 放置，C_1 和 C_3 靠近 DVCC_50 和 DGND_51 放置；尽量减小 ADR445 与 AD5362 之间的 2.5 V 的 PCB 引线长度。

4.5.3 D/A 回路的输出

采用 FPGA，通过 SPI 协议控制 AD5362，再通过编写 DAC 驱动程序后输出的电压信号如 4 - 28 所示,从而实现了正弦模拟电压信号输出。根据试验数据,其幅值、频率、相位均达到设计要求,能满足稳控装置的测试需求。

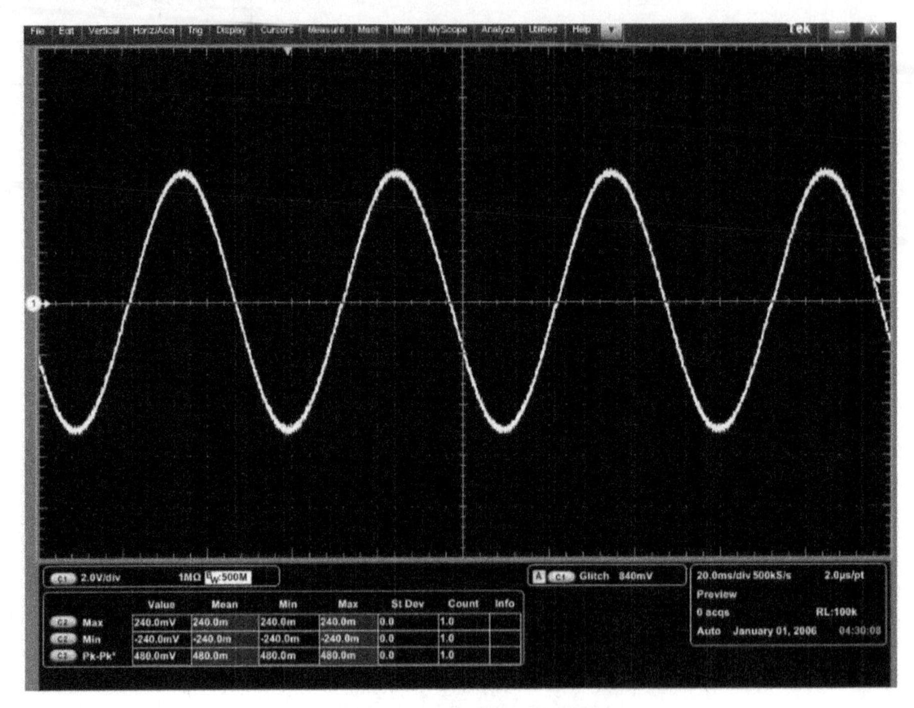

图 4 - 28 D/A 输出波形图

第三篇

电磁兼容性设计

本篇共6章，主要介绍电磁兼容设计的基础知识及抗干扰的设计方法。其中：

第5章介绍电磁兼容性设计的基础知识；

第6章介绍静电放电抗扰度试验的特点，分析了PNL回路抗静电放电干扰的设计方法；

第7章介绍电快速瞬变脉冲群抗扰度试验的特点，分析了电压互感器回路、IGBT驱动回路抗电快速瞬变脉冲群干扰的设计方法；

第8章介绍浪涌抗扰度试验的特点，分析了继电器开出回路、IGBT开出回路抗浪涌干扰的设计方法；

第9章介绍阻尼震荡波抗扰度试验的特点，分析了积分回路抗阻尼震荡波干扰的设计方法；

第10章介绍工频磁场抗扰度试验的特点，分析了电流互感器回路抗工频磁场干扰的设计方法。

5 电磁兼容性基础知识

5.1 简介

5.1.1 概述

电磁兼容(EMC)一般是指电气及电子设备在共同的电磁环境中能执行各自功能的共存状态,即要求在同一电磁环境中的上述各种设备都能正常工作又互不干扰,达到“兼容”状态。换句话说,电磁兼容是指电子线路、设备、系统相互不影响,并且从电磁角度具有相容性的状态。这里的相容性包括设备内电路模块之间的相容性、设备之间的相容性和系统之间的相容性①。

电磁干扰是指电磁骚扰引起的设备、传输通道或系统性能的下降。这里电磁骚扰仅是电磁现象,它可能引起设备性能的降级或损害,但不一定形成后果。而电磁干扰是由电磁骚扰引起的后果。电磁干扰主要由电磁干扰源、耦合路径、敏感设备组成②,它们之间的关系如图 5-1 所示。

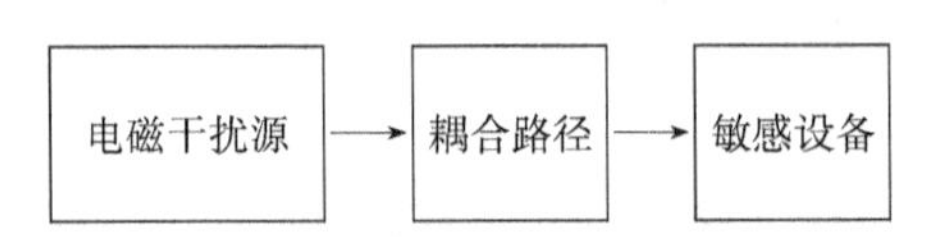

图 5-1 电磁干扰三要素之间的关系

(1) 电磁干扰源:指产生电磁干扰的任何元件、器件、设备、系统或自然现象;

(2) 耦合路径:指将电磁干扰能量传输到受干扰设备的通道或媒介;

(3) 敏感设备:指受到电磁干扰影响,或者说对电磁干扰发生响应的设备。

电磁干扰贯穿产品的整个生命周期,在产品设计之初就要充分考虑 EMC 设计,因为越到产品设计后期,能进行的 EMC 抑制措施就越少,并且开发成本中的抑制措施费用会越来越高。在产品开发各阶段,控制电磁干扰所采用的技术手段和开发成本如图 5-2 所示。

---

① 杨克俊. 电磁兼容原理与设计技术[M]. 北京:人民邮电出版社,2004.

② 赵阳,封志明,黄学军,等. 电磁兼容测试方法与工程应用[M]. 北京:电子工业出版社,2010.

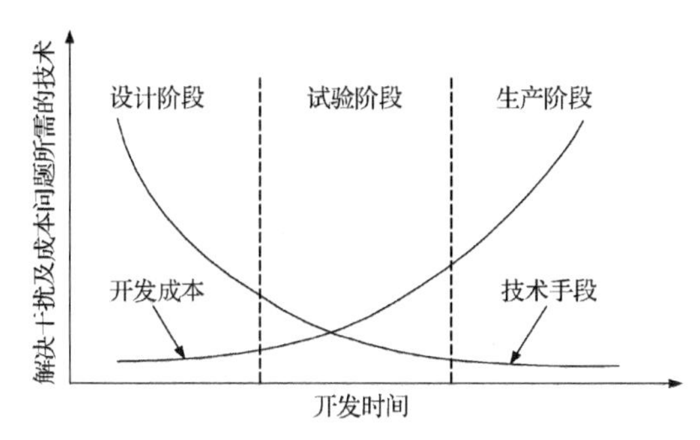

图 5－2　抑制电磁干扰所采用的技术手段及开发成本示意图

5.1.2　技术要求

在智能变电站运行的装置在符合电磁兼容的相关标准后才能挂网运行。

电磁兼容性试验主要分为电磁干扰（EMI）、电磁敏感度（EMS）二项。其中，电磁干扰主要有静电放电抗扰度试验、电快速瞬变脉冲群抗扰度试验、浪涌（冲击）抗扰度试验、振荡波抗扰度试验、工频磁场抗扰度试验、脉冲磁场抗扰度试验、阻尼振荡磁场抗扰度试验，主要针对电源端口、交流端口、开入端口、开出端口、直流端口；电磁敏感度主要有传导发射抗扰度试验、辐射发射抗扰度试验，主要针对电源端口（如图 5－3 所示）。

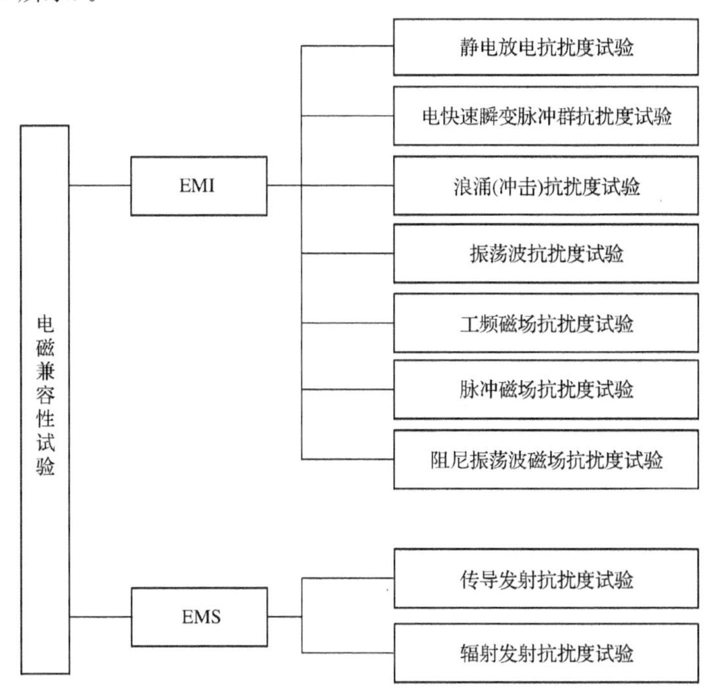

图 5－3　电磁兼容性试验分类

电磁兼容试验标准主要参考国际电工委员会标准 IEC 61000－4 和中国通用电子电气设备电磁兼容基础标准 GB/T 17626，它们之间的对应关系如表 5－1 所示。

表 5－1　IEC 61000－4 标准和 GB/T 17626 标准分章内容

序号	试验名称	标准编号	
		IEC 61000－4	GB/T 17626
1	EMC 测试综述	IEC 61000－4－1	GB/T 17626. 1
2	静电放电抗扰度试验	IEC 61000－4－2	GB/T 17626. 2
3	射频电磁场辐射抗扰度试验	IEC 61000－4－3	GB/T 17626. 3
4	电快速瞬变脉冲群抗扰度试验	IEC 61000－4－4	GB/T 17626. 4
5	浪涌(冲击)抗扰度试验	IEC 61000－4－5	GB/T 17626. 5
6	射频场感应的传导骚扰抗扰度试验	IEC 61000－4－6	GB/T 17626. 6
7	工频磁场抗扰度试验	IEC 61000－4－8	GB/T 17626. 8
8	脉冲磁场抗扰度试验	IEC 61000－4－9	GB/T 17626. 9
9	阻尼振荡磁场抗扰度试验	IEC 61000－4－10	GB/T 17626. 10
10	电压暂降、短时中断和电压变化的抗扰度试验	IEC 61000－4－11	GB/T 17626. 11
11	振荡波抗扰度试验	IEC 61000－4－12	GB/T 17626. 12

对所有入网的二次设备，一般需要通过 GB/T 17626 标准的试验要求(如表 5－2所示)。同时，GB/T 14598 标准也适用于变电站中的二次设备的电磁兼容测试(如表 5－3 所示)。

表 5－2　GB/T 17626 标准试验要求

序号	试验名称	参考标准	严酷等级
1	静电放电抗扰度试验	GB/T 17626. 2—2006	IV 级 性能评价：A 类
2	射频电磁场辐射抗扰度试验	GB/T 17626. 3—2006	III 级 性能评价：A 类
3	电快速瞬变脉冲群抗扰度试验	GB/T 17626. 4—2008	IV 级 性能评价：A 类
4	浪涌(冲击)抗扰度试验	GB/T 17626. 5—2008	IV 级 性能评价：A 类

续表 5-2

序号	试验名称	参考标准	严酷等级
5	射频场感应的传导骚扰抗扰度试验	GB/T 17626.6—2008	III 级 性能评价:A 类
6	工频磁场抗扰度试验	GB/T 17626.8—2006	V 级 性能评价:A 类
7	脉冲磁场抗扰度试验	GB/T 17626.9—1998	V 级 性能评价:A 类
8	阻尼振荡波磁场抗扰度试验	GB/T 17626.10—1998	V 级 性能评价:A 类
9	振荡波抗扰度试验	GB/T 17626.12—1998	III 级 性能评价:A 类

表 5-3　GB/T 14598 标准试验要求

序号	试验名称	参考标准	严酷等级
1	静电放电抗扰度试验	GB/T 14598.26—2015	IV 级 性能评价:A 类
2	射频电磁场辐射抗扰度试验	GB/T 14598.26—2015	III 级 性能评价:A 类
3	电快速瞬变脉冲群抗扰度试验	GB/T 14598.26—2015	IV 级 性能评价:A 类
4	浪涌(冲击)抗扰度试验	GB/T 14598.26—2015	IV 级 性能评价:A 类
5	射频场感应的传导骚扰抗扰度试验	GB/T 14598.26—2015	III 级 性能评价:A 类
6	工频磁场抗扰度试验	GB/T 14598.26—2015	V 级 性能评价:A 类
7	振荡波抗扰度试验	GB/T 14598.26—2015	III 级 性能评价:A 类

在传导干扰试验中,干扰传播途径主要有共模干扰和差模干扰。共模干扰是指在线与参考地所构成的回路中的干扰电压,差模干扰是指在线与线所构成回路中的干扰电压。各试验对各回路的主要影响范围如下所述:

(1) 静电放电抗扰度试验:主要针对 PNL 模件中的指示灯、液晶屏、螺钉、面板缝隙等;

(2) 电快速瞬变脉冲群抗扰度试验:主要针对电源端口、交流端口、开入端口、开出端口、直流端口、通信端口等;

(3) 浪涌(冲击)抗扰度试验:主要针对电源端口、交流端口、开入端口、开出端口、直流端口、通信端口等;

(4) 振荡波抗扰度试验：主要针对电源端口、交流端口、开入端口、开出端口、直流端口、通信端口等；

(5) 工频磁场抗扰度试验：主要针对交流端口等。

5.1.3 总结

硬件的电磁兼容性是评价硬件好坏的一个重要指标。随着市场竞争越来越激烈，用户对产品的要求越来越高，因此所有的产品都需要进行 EMC 验证。图 5-4 描述的是电磁兼容性的输入、工具与技术和输出。

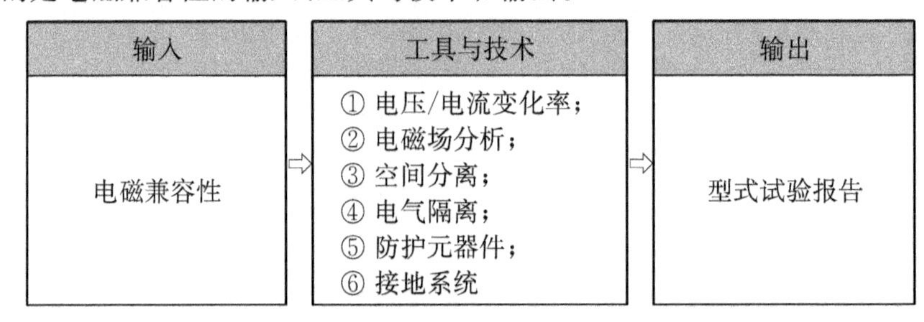

图 5-4 电磁兼容性的输入、工具与技术和输出

(1) 输入：电磁兼容性需求，大部分是 EMC 试验的需求；

(2) 工具与技术：通过对电压/电流变化率、电磁场分析、空间分离、电气隔离、防护元器件、接地系统等技术分析和创新方法满足设计的需求；

(3) 输出：输出可交付成果，如型式试验报告。

5.2 基础知识

5.2.1 电压/电流变化率

在电子设备中，干扰产生的根本原因是电路中的电压突变和电流突变，它们通过传输线、电感和电容耦合形成干扰。

$\mathrm{d}U/\mathrm{d}t$ 是指单位时间内电压的变化。一般 $\mathrm{d}U/\mathrm{d}t$ 说的是电容的电压变化，即

$$\frac{I}{C}=\frac{\mathrm{d}U}{\mathrm{d}t} \tag{5-1}$$

式(5-1)表明一定电流流过电容时，电容上的电压随时间线性变化。

$\mathrm{d}I/\mathrm{d}t$ 是指单位时间内电流的变化。一般 $\mathrm{d}I/\mathrm{d}t$ 说的是电感的电流变化，即

$$\frac{U}{L}=\frac{\mathrm{d}I}{\mathrm{d}t} \tag{5-2}$$

式(5-2)表明一定电压加在电感上，电感的电流随时间线性变化。

在电子电路设计中，要注意抑制电压突变和电流突变对装置造成的影响。

5.2.2 电磁场分析

根据法拉第电磁感应定律，求解在闭合回路产生感应电动势 e 的公式如下所示：

$$e=-\frac{\mathrm{d}\Phi}{\mathrm{d}t}=-\frac{B\mathrm{d}S}{\mathrm{d}t} \tag{5-3}$$

式中，Φ 是磁通量，S 是回路面积，t 是时间。根据电磁场理论，在 PCB 布局布线中应尽量减小回路面积。

5.2.3 空间分离

在装置结构允许的条件下，应尽量将母板中各个模件的间距增大。同时，在单板的 PCB 布局中，放置元器件时应尽量将元器件的空间距离增大；在 PCB 布线中也要增大线与线之间的距离，防止串扰。

5.2.4 电气隔离

电气隔离是一种"电源+数据"双隔离，既要电源隔离，也需要数据隔离。电气隔离常用的元器件有高压隔离电源模块、光耦、数字隔离芯片等。

1）高压隔离电源模块

高压隔离电源模块是一种在直流电路中将一个电压值的电能变为另一个电压值的电能的装置，其采用微电子技术，在小型表面安装集成电路并与微型电子元器件组装成一体而构成，耐压强（可达 4 kV 以上）。

2）光耦

光耦以光为媒介传输电信号，输入和输出之间绝缘性强，是一种低速隔离器件（通常低于 1 MHz），且抗干扰能力强，在数字电路上获得广泛的应用。

3）数字隔离芯片

数字隔离芯片是一种高速隔离器件，可传输数百兆赫兹的信号（最高传输频率要根据器件的特性来定）。

5.2.5 防护元器件

在保护回路中，常采用气体放电管、压敏电阻、瞬态抑制二极管作为防护器件①。

1）气体放电管

气体放电管一般采用陶瓷作为封装外壳，放电管极间充满电气特性稳定的惰性气体。当外加电压增加到超过惰性气体的绝缘强度时，两极间的间隙将击穿放电，即由原来的绝缘状态转化为导电状态，从而保护后续电路。导通后，放电管两极之间的电压维持在放电弧道所决定的残压水平上。气体放电管的优缺点如下：

---

① 敖齐. 以太网接口 ESD/浪涌保护电路设计[J]. 铁路通信信号工程技术，2012，5：23-26.

(1) 优点:具有很强的电流吸收能力,即放电能力强、通流量大;具有很高的绝缘电阻以及很小的寄生电容,漏电流小。

(2) 缺点:残压高,反应时间长,动作电压精度较低。

2) 压敏电阻

压敏电阻又称金属氧化物变阻器,其中含有氧化锌、氧化铋、氧化钴、氧化锰和其它金属氧化物。压敏电阻的厚度正比于电压,面积正比于电流,是一种电压敏感性器件。当施加在压敏电阻两端的电压小于钳位电压时,压敏电阻呈高阻状态;当施加在压敏电阻两端的电压大于钳位电压时,压敏电阻就会击穿,呈现低阻值,甚至接近短路状态。压敏电阻这种被击穿状态是可以恢复的,当高于钳位电压的电压被撤销后又可恢复高阻状态。压敏电阻的优缺点如下:

(1) 优点:钳位电压范围宽,响应时间快,通流量大。

(2) 缺点:结电容较大,许多情况下不能在高频率信息传输中使用;该电容又与导线电容构成一个低通,会造成信号的严重衰减(当频率低于 30 kHz 时,这种衰减可以忽略)。

3) 瞬态抑制二极管

瞬态抑制二极管简称 TVS 管,在规定的反向电压作用下,TVS 管两端电压大于钳位电压时,其工作阻抗能立即降至很低的水平以允许大电流通过,并将两端电压钳制在很低的水平,从而有效保护末端电子产品中的精密元件避免损坏。而双向 TVS 管则可在正反两个方向吸收瞬时大脉动功率,并把电压钳制在预定水平。TVS 管是一种响应很快的半导体型限压器件,当承受一个高能量的高压脉冲时能将两极间的高阻抗转化为低阻抗,允许大电流通过,从而达到泄放干扰的目的。TVS 管的优缺点如下:

(1) 优点:动作时间极快(达到 ps 量级),且钳位电压低;

(2) 缺点:电流负荷量小。

气体放电管、压敏电阻、TVS 管的性能特点对比如表 5-4 所示。

表 5-4 气体放电管、压敏电阻、TVS 管的性能特点对比

项目	气体放电管	压敏电阻	TVS 管
标称电压	100~800 V,残压高	几十伏至一千余伏,残压较低	几伏至几百伏,残压低
响应速度	慢(μs 量级)	快(ns 量级)	极快(ps 量级)
电流吸收能力	大	较大	小
结电容	小	大	小

5.2.6 接地系统

接地主要是指机箱外壳与真正的大地连接以提供干扰泄放的通路。良好的地线设计不仅能保证电路内部互不干扰、稳定可靠的工作，而且可以减小电路的电磁辐射和对外电路的敏感性。在装置类产品中，接地系统常常设计为浮地系统或共地系统。

浮地系统的优点是不受大地电流的影响，能阻止共地阻抗电路耦合产生的电磁干扰，并且设备之间难以相互干扰；缺点是干扰不易泄放。通常为了泄放干扰，常在GND与EARTH之间加安规电容 C_y(如图 5－5 所示)。C_y 的电容值不能太大，否则会超过标准中对漏电流的要求(10～20 mA)，一般取 2200 pF 左右。

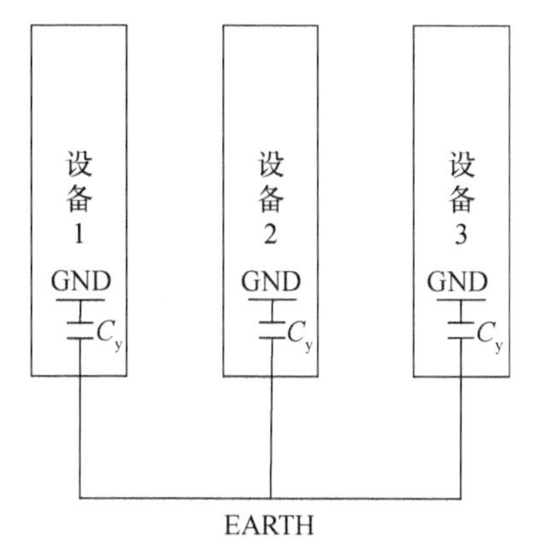

图 5－5 浮地系统框图

共地系统的优点是GND与EARTH为等电位(如图 5－5 所示)，电磁干扰容易泄放；缺点是容易受相邻设备的干扰。

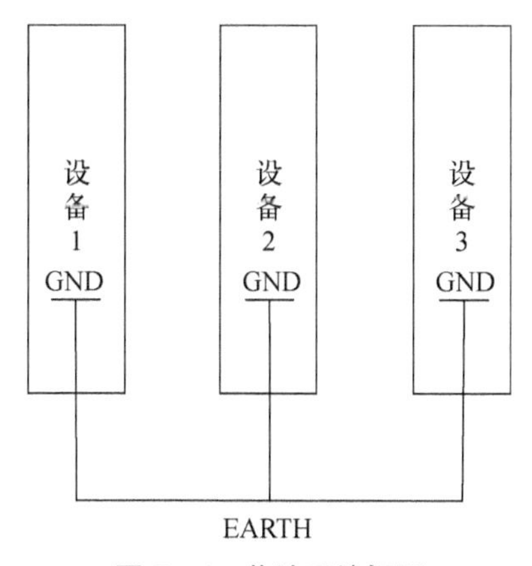

图 5－6 共地系统框图

在产品设计初期,就要根据装置的使用场所及要求选择好是使用浮地系统还是共地系统。

5.3 本章小结

本章主要介绍了电磁兼容性设计的相关基础知识,包括电压/电流变化率、电磁场分析、空间分离、电气隔离、防护元器件、接地系统等。通过本章的学习,读者应掌握在硬件方面关于电磁兼容性的相关知识,了解理 EMC、EMI 等概念,熟悉电磁兼容系列标准及技术要求。

6 抗静电放电干扰

6.1 静电放电抗扰度试验分析

6.1.1 试验标准

在智能变电站中,操作人员在进行正常的设备调试过程中可能因衣服或皮肤带有电荷而使设备运行紊乱,甚至损坏设备。此外,在智能变电站中,大量二次设备安装于户外,也容易受到静电放电的影响。因此,静电放电对设备的干扰不容忽视①。在GB/T 17626.2中规定静电放电分为接触放电和空气放电,静电放电试验等级如表6-1所示。

表6-1 静电放电试验等级

接触放电		空气放电	
等级	试验电压(kV)	等级	试验电压(kV)
1	2	1	2
2	4	2	4
3	6	3	8
4	8	4	15
X	特定	X	特定

注:X表示开放等级,该等级必须在专用设备的规范中加以规定。

6.1.2 试验波形

图6-1所示为电流脉冲波形。从图中可以看出波形中波头较陡,波形的上升时间小于1 ns,并在极短时间内便达到峰值。整个波形仅持续60 ns,其能量较小,

---

① 居荣,赵阳,刘勇,等.智能电网电力集中器静电放电抗扰度机理及防护方法[J].电力自动化设备,2011,31(12):30-33.

但高频威胁较大①。

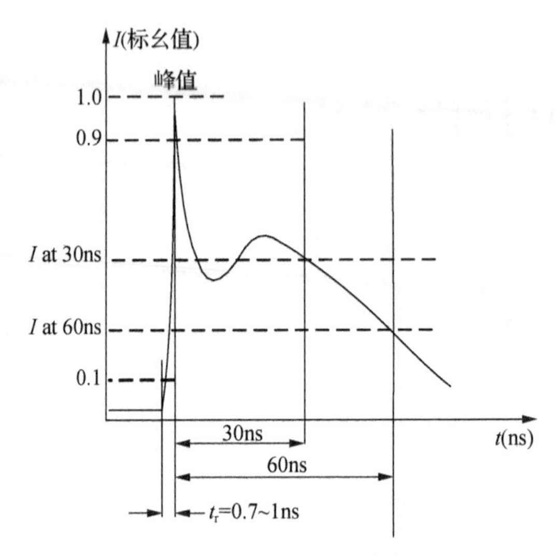

图 6-1　ESD 电流脉冲波形

6.2　PNL 回路

6.2.1　PNL 回路的输入

1) 概述

合智一体装置主要是集成合并单元和智能终端的功能。合并单元部分的主要功能是通过交流模件采集一次设备的电流/电压模拟信号，经 CPU 模件的 FPGA 对接收的数据做同步处理后，POWER PC 按照 IEC 61850-9-2 标准规定的格式组帧，然后以每秒 4000 帧的速率通过以太网驱动模块实时上传给保护和测控装置；智能终端部分的主要功能是采集开关输入量、开出量信号，并通过 GOOSE 报文上传给间隔层装置，以及接收间隔层装置的 GOOSE 报文。

2) 技术要求

合智一体装置面板指示灯数量多达几十个，它们由合并单元指示灯和智能终端指示灯两部分组成，各自独立工作。合智一体装置应通过表 6-1 中的 4 级试验要求，且在试验过程中装置不出现通信中断，LED 显示功能正常。

---

① 吴勇，刘国红，顾立娟，等. 空气式静电放电的实验分析[J]. 高电压技术，2011，37(1)：131-135.

6.2.2 PNL 回路的工具与技术

1) 试验问题

静电放电主要以接触放电、空气放电方式通过面板串入 LED 通信回路再串入 CPU 模件,从而对装置的正常运行造成严重影响。在 ESD 试验过程中出现过如下问题:

(1) 对面板螺钉±8 kV 接触放电试验时,装置死机;

(2) 对面板指示灯±15 kV 空气放电试验时,面板指示灯误动。

2) 改进的 LED 滤波回路

在设计 LED 指示灯时,指示灯走线易受到静电放电干扰,造成指示灯的误动作。若不采取防静电措施,器件极易遭到损坏。

改进后的单只 LED 指示灯回路如图 6-2 所示。首先,在指示灯 V 的左端 A 点与+5 V之间加磁珠 L,磁珠在低频段呈现为电感特性,在高频段呈现为电阻特性,吸收噪声并将噪声转换为热;其次,在指示灯 V 的右端 B 点串联电阻 R,对地加 TVS,可有效保护 CPU 芯片;最后,在 PCB 布局中,R 和 C 位置靠近 V 的两侧,TVS 靠近芯片放置,能保证了 LED 灯两端受到干扰时有效地释放能量。同时,应尽量使芯片远离单板边界、灯孔,防止芯片被 ESD 能量破坏。

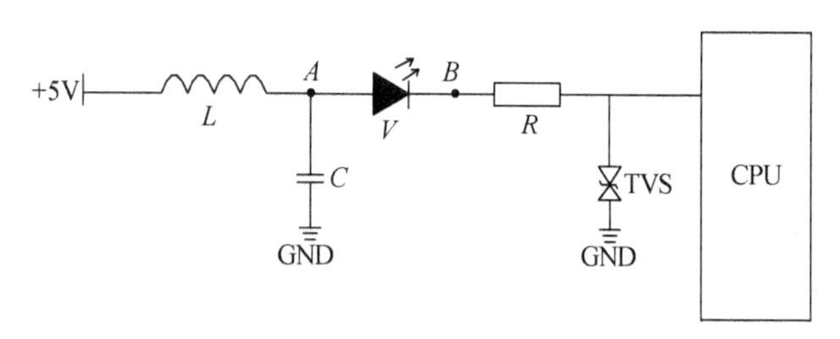

图 6-2 改进后的 LED 滤波回路

6.2.3 PNL 回路的输出

1) 试验结果

根据上述的设计方案,以合智一体装置为试验对象进行验证(试验等级为 4 级),结果如下:

(1) 对面板螺钉 8 kV 接触放电试验时,装置正常;

(2) 对面板指示灯 15 kV 空气放电试验时,面板指示灯正常。

2) 结果分析

通过对 LED 回路进行改进以及增加保护元器件等措施,可以有效提高 PNL 回路抗静电放电干扰的能力。

7 抗电快速瞬变脉冲群干扰

7.1 电快速瞬变脉冲群抗扰度试验分析

7.1.1 试验标准

在智能变电站中，继电器或接触器等在切断感性负载及高压开关切换操作时常引起暂态干扰电压，即快速瞬变电压①。EFT/B 抗扰度试验主要是验证电气和电子装置对诸如来自切换瞬态过程的低能量、高频率、前沿陡峭、持续时间短暂的瞬变脉冲群引起的瞬变骚扰的抗扰度②。

在 GB/T 17626.4 中规定的试验等级如表 7-1 所示。

表 7-1 试验等级

等级	开路输出试验电压和脉冲的重复频率			
	在供电电源端口，保护接地(PE)		在 I/O 信号、数据和控制端口	
	电压峰值(kV)	重复频率(kHz)	电压峰值(kV)	重复频率(kHz)
1	0.5	5 或者 100	0.25	5 或者 100
2	1	5 或者 100	0.5	5 或者 100
3	2	5 或者 100	1	5 或者 100
4	4	5 或者 100	2	5 或者 100
X	特定	特定	特定	特定

注：X 表示开放等级，该等级必须在专用设备的规范中加以规定。

7.1.2 试验波形

根据 IEC 61000-4-4 和 GB/T 17626.4 的规定，EFT/B 的电压幅值根据不同的试验等级从 0.5 kV 至 4 kV。EFT/B 的单个波形如图 7-1(a)所示(纵轴单位为标幺值，横轴为 ns)，上升时间为 5 ns，持续时间为 50 ns；图 7-1(b)中，脉冲

① 刘慧敏，刘毅. 电子式电能表电快速瞬变脉冲群抗扰度试验方法探讨[J]. 电测与仪表，2010，47(08)：12-15.

② 程利军. 几种瞬变骚扰抗扰度试验分析[J]. 继电器，2002，30(9)：35-42.

重复频率为 5 kHz；图 7－1(c)中，脉冲群周期为 300 ms。

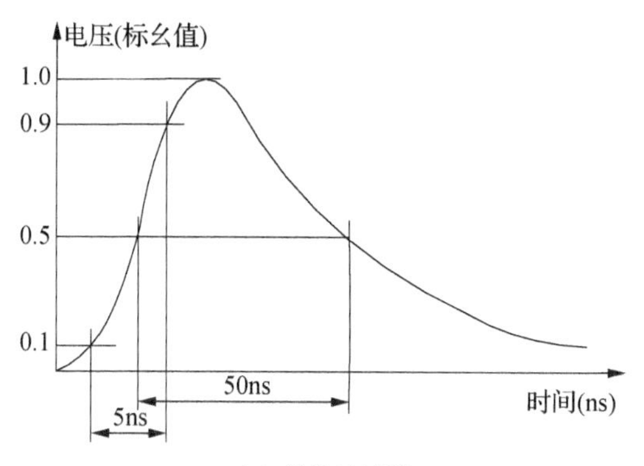

(a) 单脉冲波形

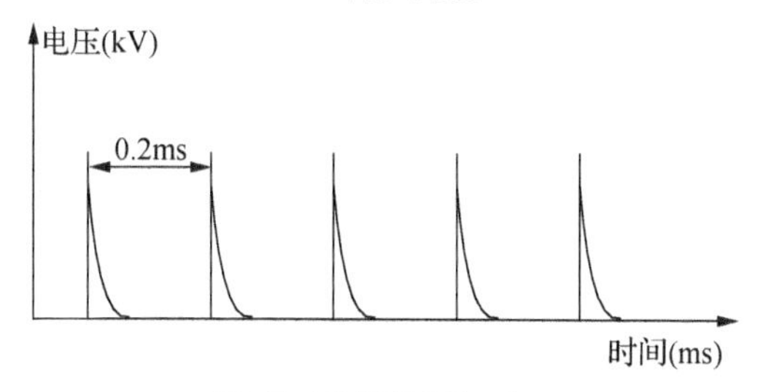

(b) 脉冲重复频率为 5 kHz

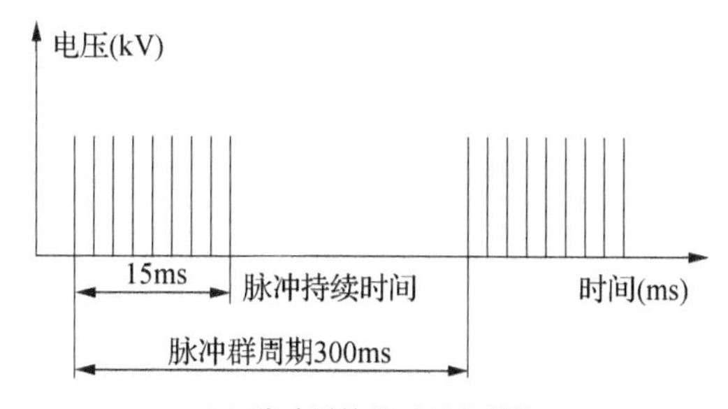

(c) 脉冲群持续时间和周期

图 7－1　电快速瞬变脉冲群波形

EFT/B 骚扰属于宽频带的干扰信号。根据下面的公式：

$$B_w = \frac{0.35}{\tau} \tag{7-1}$$

可求得其宽带近似为 70 MHz。式(7－1)中，τ 为脉冲的上升时间，B_w 为信号宽带。

EFT/B 的幅值密度频谱如图 7－2 所示①。由图中可以看出，EFT/B 的主要

① 孙继平，冯德旺，赵振保，等. 矿井电快速瞬变脉冲群电磁骚扰的研究[J]. 太原理工大学学报，2009，40(3)：271－273.

能量集中在在 40 MHz 以下的频段；40～400 MHz 的衰减幅度不大，但不能忽略；400 MHz 以上的 EFT/B 骚扰的衰减幅度很快，可以忽略。因此，在抑制 EFT/B 干扰时，主要考虑 400 MHz 以下的频率成分。

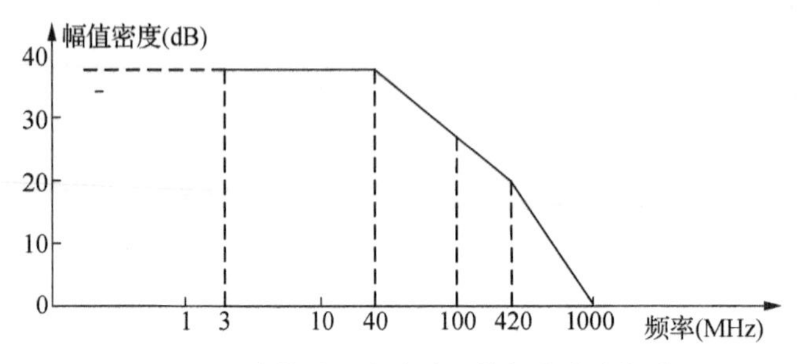

图 7-2　电快速瞬变脉冲群的幅值密度频谱

7.2　电压互感器回路

7.2.1　电压互感器回路的输入

1）概述

合并单元的主要功能是同步采集多路电流/电压输出的数字信号，并按照一定的格式输出给二次保护控制设备。按其功能，可将合并单元分为同步功能模块、多路 A/D 采样功能模块和串口发送功能模块（见图 7-3）。

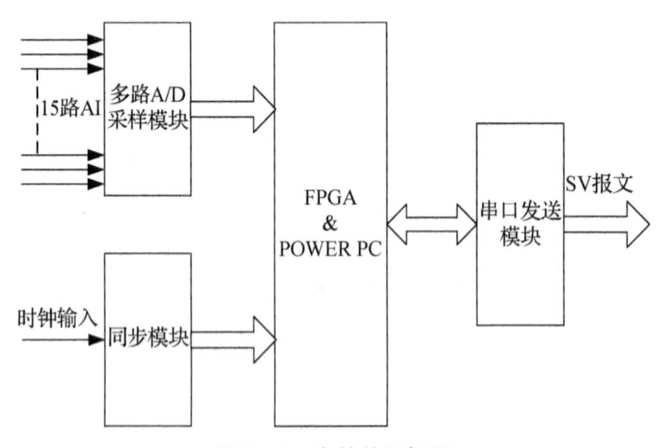

图 7-3　合并单元框图

设计电压等级为 220 kV 的合并单元带有 15 路电压互感器，通过电压互感器(100 V /1.76 V)可将满偏电压 100 V 转化为 1.76 V。合并单元采用 A/D 芯片采集电压互感器转换后的小信号，再经 FPGA 对接收的数据做同步处理后，

POWER PC 按照 IEC 61850－9－2 规定的 SV 报文格式组帧并转换为220 kV的数字信号，然后以每秒 4000 帧的速率通过以太网发送模块实时发送 SV 报文给保护和测控装置。

2）技术要求

根据 Q/GDW 426—2010 的要求，合并单元应通过 GB/T 17626.4 规定的 4 级试验要求，且合并单元在试验过程中不能出现通信中断、丢帧、品质输出异常和输出波形畸变现象，离散值小于 10 μs。

7.2.2 电压互感器回路的工具与技术

1）概述

随着 IEC 61850 系列标准在智能变电中不断地推广，合并单元作为智能变电站中的重要设备而得到广泛应用。为了节约电缆、减少变电站的建设用地，合并单元就地安装已成为发展趋势。但变电站的运行场所电磁环境恶劣，尤其是一次设备的开关分合操作常引起的电快速瞬变脉冲群极易使合并单元传输通信出现异常，直接影响到二次保护和测控设备的可靠性①。因此，提高合并单元的抗扰度对整个智能变电站的安全运行极其重要。

目前，电快速瞬变脉冲群抗扰度试验是电磁兼容试验中的一个重要指标，非常难通过②③。有文献研究了电能信息采集终端各模块回路有效抗电快速瞬变脉冲群干扰的电路设计④；有文献针对微机保护的装置的不同端口提出了相应的设计方法，即利用铁氧体磁珠、去耦电容抑制 EFT/B 对微机保护的干扰⑤；有文献研究的扩展卡尔曼滤波器可有效提高智能断路器抗 EFT/B 能力⑥；有文献进行了微机

① 张朝华，王勇，谢雪梅，等. 变电站高压开关操作电快速瞬变脉冲群干扰建模及仿真研究[J]. 电测与仪表，2013，50(10)：94－97.

② 冯利民，谌平平，陈玮，等. 提高开关电源抗 EFT/B 干扰性能的研究[J]. 电力系统自动化，2006，30(5)：78－82.

③ 王玉峰，邹积岩，廖敏夫. 微机保护装置电源抗电快速瞬变脉冲群的试验研究[J]. 高压电器，2010，46(3)：10－14.

④ 肖勇，周尚礼，申妍华，等. 电能信息采集终端的抗电快速瞬变脉冲群干扰研究与设计[J]. 电力系统保护与控制，2009，37(17)：102－105.

⑤ 王玉峰，邹积岩，廖敏夫. 微机保护装置抗电快速瞬变脉冲群的研究[J]. 高压电器，2010，46(10)：10－15.

⑥ 佟为明，张忠，李忠伟，等. 智能断路器抗 EFT/B 干扰滤波器设计[J]. 电机与控制学报，2012，16(6)：37－43.

保护装置继电器回路抗干扰分析，给出了抗干扰电容及取值容量等电路的改进方案①；有文献提出一种用于智能漏电断路器的抗 EFT/B 干扰措施②。国内对变电站设备抗 EFT/B 设计已进行了深入研究，但对就地化合并单元的抗 EFT/B 骚扰的研究才刚刚起步。

2) EFT/B 传播路径

EFT/B 主要以共模方式作用于合并单元装置的电压/电流互感器端口、开入端口、开出端口、电源端口，并进入装置内部通信回路。EFT/B 对合并单元装置的传播途径既有各回路的传导干扰（如图 7－4 中实线所示），也有电源回路、开入回路、开出回路对交流回路产生的耦合干扰（如图 7－4 中虚线所示），都能对合并单元的正常运行造成严重影响。

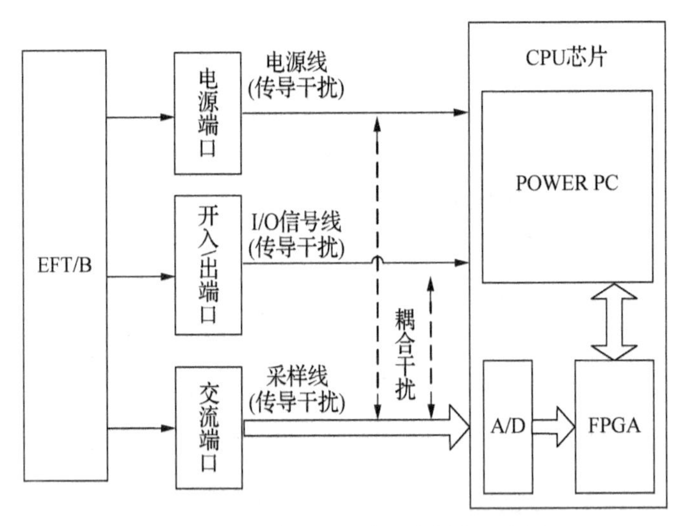

图 7－4　合并单元回路干扰耦合示意图

本节以 220 kV 母线合并单元进行验证，当施加 4 级 EFT/B 时对合并单元装置会产生下列影响：

(1) EFT/B 对 SV 报文品质的影响

对电源、开入端口、开出端口施加 4 kV 瞬变干扰，报文传输过程中出现丢点，造成 SV 报文品质输出无效。

---

① 余华武，史志伟．保护控制装置继电器回路抗干扰分析[J]．电网技术，2012，36(5)：36－41．

② 王尧，李奎，郭志涛，等．智能漏电断路器抗电快速瞬变脉冲群干扰研究[J]．电力自动化设备，2012，32(4)：129－133．

(2) EFT/B 对 SV 报文波形的影响

对电压互感器加额定电压 100 V 的同时施加 4 kV、5 kHz 以及 4 kV、100 kHz 干扰,图 7 - 5(a)中波形出现畸变,图 7 - 5(b)中出现尖峰电压。

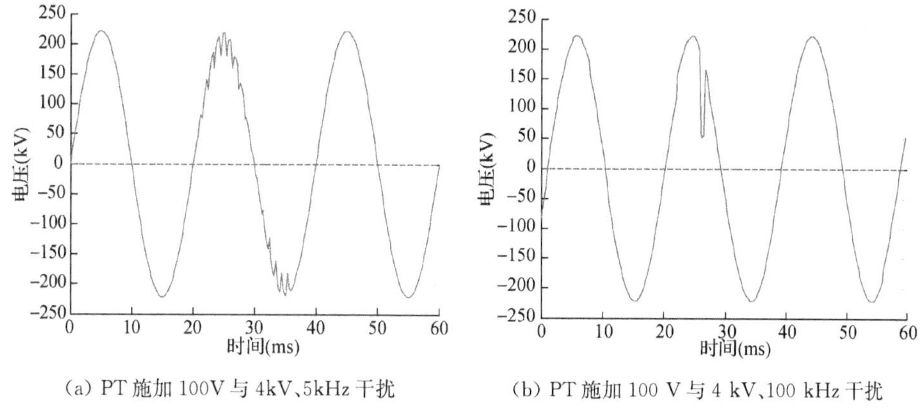

(a) PT 施加 100V 与 4kV、5kHz 干扰　　(b) PT 施加 100 V 与 4 kV、100 kHz 干扰

图 7 - 5　PT 施加 100 V 与 4 级 EFT/B 的 MU 输出波形

本节针对合并单元在 EFT/B 试验中出现的若干重要问题,从硬件电路设计的角度提出相应的抑制措施以及不同措施的选择依据,提高了合并单元的抗扰度,并通过试验结果验证了本节改进措施的有效性。

3) 结构设计

提高合并单元的抗扰度设计的关键是在装置的研发设计阶段就充分考虑到 EFT/B 的要求。根据各种功能的需要,我们采用 19 英寸 4U 标准机箱,并对背板式模件模块化,主要分为 CPU 模件、交流模件、开入模件、开出模件、电源模件。

为了避免电源干扰耦合到交流回路,模件布局时,将电源模件放置在装置的一侧,交流模件放置在装置的另一侧。应尽可能将相互通信的模件布局在一起,将交流模件放置在 CPU 模件两侧,以避免其它回路通过耦合干扰串入交流回路。

4) 母板 PCB 设计

母板是连接各模件的关键部件,母板 PCB 采用四层印制电路板结构,强电信号和弱点信号分层布线,从顶层到底层依次设计为 I/O 信号线、地线、电源线(+5 V,+24 V)、模拟量采集数据线。

为了减少各导线之间互感产生的干扰,PCB 布局时,不同通信回路需要有各自独立的空间,不能混在一起,且各信号线的间距尽可能大,特别是 I/O 信号线与模拟量采集数据线的间距要更大。同时,为了保证信号传输的可靠性,PCB 走线时,需考虑信号走线尽可能短,尤其是交流模件与 CPU 模件之间的模拟量采集数据线的走线长度尽可能短。

5) 交流采样回路设计

交流回路连接着一次设备和二次设备，一次系统的干扰易通过交流回路进入装置内部。如在电压互感器的端口直接施加电压 4 kV，频率为 5 kHz 或 100 kHz 的干扰，叠加到互感器的干扰波形如图 7-6 所示。

当脉冲重复频率为 5 kHz 时，一个脉冲群持续时间为 15 ms，约有 75 个脉冲，而 A/D 的采样频率为 4 kHz，因此图 7-6(a)中连续脉冲叠加到波形中，出现如图7-5(a)所示连续的毛刺干扰。当脉冲重复频率为 100 kHz 时，脉冲群持续时间为 0.75 ms，因脉冲群持续时间短，能量集中，当 A/D 的采样频率为 4 kHz 时，在图 7-6(b)中少数脉冲能叠加到波形中，出现如图 7-5(b)中所示的尖峰干扰。从图 7-6(a)和(b)中可以看出，瞬变波形的上升时间极短，且幅值高。这一衰减振荡波可直接通过互感器初级间耦合电容耦合到二次回路中，造成波形产生畸变(见图 7-5(a)和(b))。

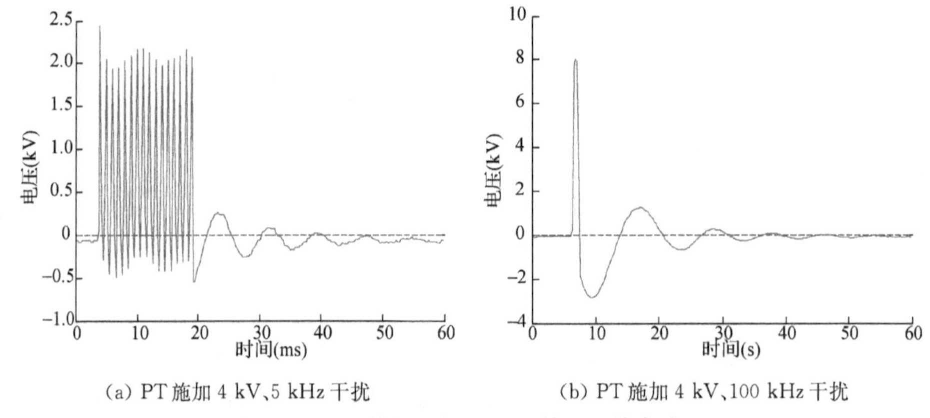

图 7-6 PT 施加 4 级 EFT/B 的 MU 输出波形

初始交流回路设计见图 7-7，其中滤波回路采用二阶无源滤波，EFT/B 的共模干扰信号能通过互感器的二次侧 U_{o1} 端串入二次回路，耦合到 U_{o2} 端，对 A/D 采样数据产生影响。

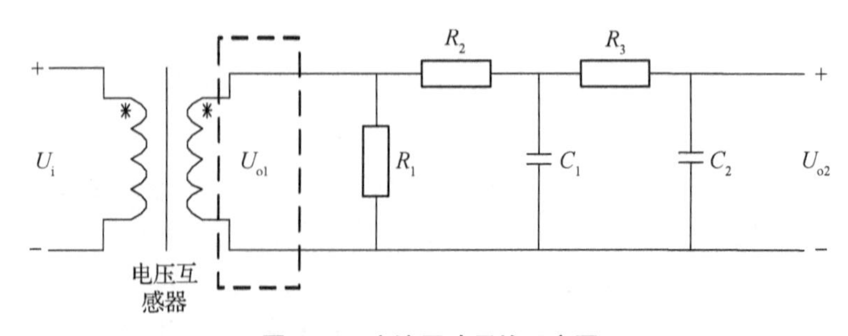

图 7-7 交流回路干扰示意图

EFT/B 干扰的频率主要集中在 3～400 MHz，而初始滤波电路不能有效抑制。

因此，在设计交流回路时要从干扰的源头上抑制干扰，主要采取了以下抗干扰措施。

(1) 滤波设计

改进的交流滤波电路如图 7－8 所示。首先，在电压互感器二次侧并联金属化聚酯薄膜电容 C_3，它的频带范围宽，自愈性强，可以有效抑制更宽范围的高频共模干扰；其次，将 R_{20} 与 R_{21} 以及 R_{30} 与 R_{31} 分别联接在 C_1，C_2 的两端$\left(其中 R_{20}=R_{21}=\frac{1}{2}R_2, R_{30}=R_{31}=\frac{1}{2}R_3\right)$。

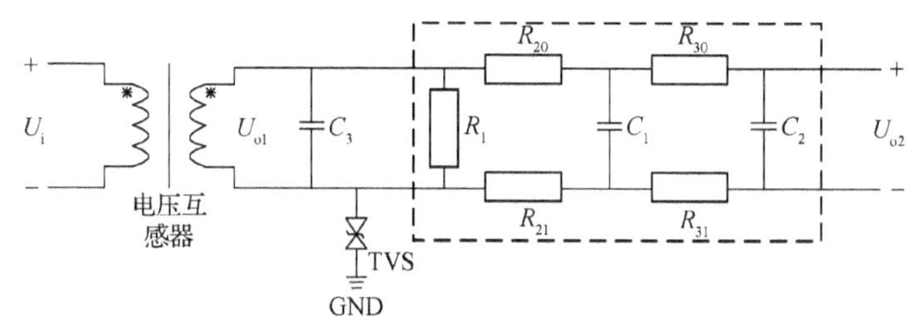

图 7－8 改进的交流滤波回路

在图 7－8 中，可以将采样滤波回路(虚线框内)等效阻抗设为 Z，Z 并联 C_3，得出并联阻抗频率特性公式和并联阻抗幅频特性公式，即

$$H(j\omega)=\frac{Z\times\frac{1}{j\omega C_3}}{Z+\frac{1}{j\omega C_3}}=\frac{Z}{j\omega ZC_3+1} \tag{7-2}$$

$$A(\omega)=|H(j\omega)|=\sqrt{\frac{Z^2}{(\omega ZC_3)^2+1}}=\sqrt{\frac{Z^2}{(2\pi fZC_3)^2+1}} \tag{7-3}$$

$$20\lg A(\omega)=-3\text{d}B \tag{7-4}$$

从式(7－3)中看出，频率 f 越大，并联阻抗幅值 $|H(j\omega)|$ 就越小，共模干扰电压完全从 C_3 泄放到大地，不会干扰到 U_{o2} 端。根据式(7－3)、(7－4)，取 C_3 为 0.15 μF，可得截止频率为 1.5 MHz，能有效抑制 3～400 MHz 的 EFT/B 干扰。

(2) 信号地设计

① 在信号地(AGND)与地之间加瞬态抑制二极管(TVS)(如图 7－8 所示)。TVS 是一种响应很快的半导体型限压器件，当承受一个高能量的高压脉冲时能将两极间的高阻抗转化为低阻抗，并允许大电流通过，从而可达到泄放干扰的目的。

② 在信号地与地之间加高压电容 C_4，能对共模干扰起到滤波作用，从而可有效抑制瞬变干扰。

(3) 铺铜设计

将交流模件各互感器的信号地通过铺铜汇接在一起，可提高合智一体装置抑制噪声的能力。

7.2.3 电压互感器回路的输出

1）试验结果

根据上述的设计方案，以合并单元为试验对象进行验证（试验等级为 4 级，电压为±4 kV，频率为 5 kHz 或 100 kHz，共模分别为 L－GND、N－GND 和 L－N－GND，时间为 60 s）。EFT/B 试验结果如下：

(1) 分别对电源端口、开入端口、开出端口施加 4 kV 瞬变干扰，报文传输过程中，SV 报文品质有效；

(2) 对电压互感器的端口施加 4 kV 的瞬变干扰，波形如图 7－9(a)和(b)所示，SV 报文波形无畸变现象。

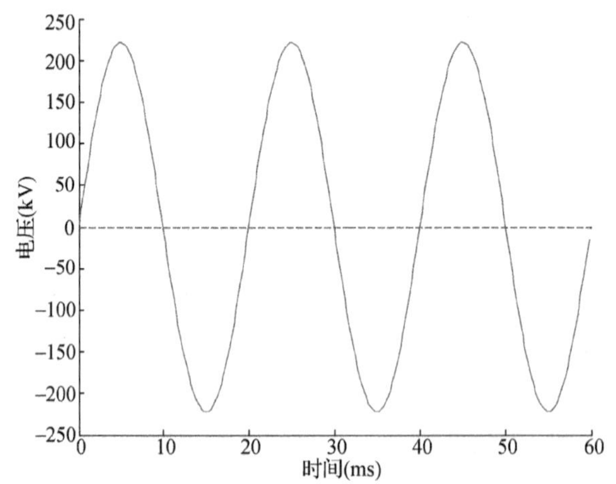

(a) PT 施加 100 V 与 4 kV、5 kHz 干扰

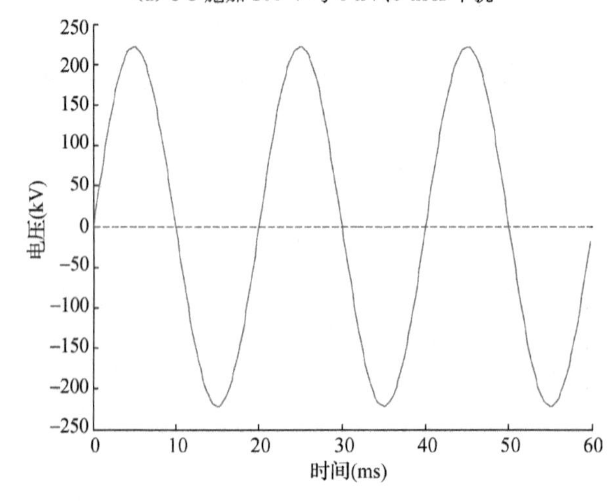

(b) PT 施加 100 V 与 4 kV、100 kHz 干扰

图 7－9 改进交流滤波电路后的 MU 输出波形

试验结果证明，在干扰源头上，根据EFT/B的频谱特性计算出滤波回路的截止频率，以及采用新型材料金属化聚酯薄膜电容，能有效抑制图7-5(a)和(b)波形中的干扰噪声；在感应耦合路径上，根据EFT/B干扰源的耦合机理，通过合理优化母板PCB布局、布线，可减少各通信回路产生的耦合干扰。

2）本节小结

本节提出的一种合并单元抗EFT/B骚扰的抑制措施，在干扰源和感应耦合路径上可抑制EFT/B对合并单元装置的影响；改进交流回路的滤波设计电路，采用新型材料金属化聚酯薄膜电容可抑制EFT/B对交流回路的传导干扰；优化PCB的布局和布线，加强接地设计等抗干扰措施，能减少各模件之间互感产生的耦合干扰，抑制对CPU模件中芯片的影响。经过多次试验证明，合并单元能通过EFT/B 4级的要求，且在试验过程中发送报文正常。显然，本节提出的改进方案能够提高合并单元的抗EFT/B干扰能力，且适合于工程应用，为今后智能变电站合并单元抗电快速瞬变干扰设计提供了重要的参考依据。

7.3 IGBT驱动回路

7.3.1 IGBT驱动回路的输入

1）概述

智能选相控制器主要集成合并单元、智能终端、快速出口功能，其通过接收GOOSE信号，经FPGA驱动控制IGBT实现断路器分闸、合闸等功能。

2）技术要求

智能选相控制器应通过GB/T 17626.4规定的4级试验要求，并且在试验过程中不能出现通信中断、丢帧、品质输出异常和输出波形畸变现象，离散值要求小于10 μs。

7.3.2 IGBT驱动回路的工具与技术

1）概述

选相控制器是一种用于传统变电站中的控制装置①②。选相控制器的关键技术主要有两方面内容：一是选相控制器装置能准确预测下一个电压/电流过零点时间，装置能快速出口，控制断路器在电压/电流过零点处分闸、合闸；二是选相控制器在变电站运行中如何提高装置的抗电磁干扰能力，保证装置安全稳定运行。有

① 娄殿强，姚其新.断路器的相位控制技术及应用[J].高压电器，2008，44(4)：353-355.

② 谢将剑，李鹏，崔国荣.基于永磁操动机构的同步关合关键技术的研究[J].高压电器，2010，46(7)：1-7.

文献利用人工神经网络建立数学模型预测分合闸时间①；有文献基于传统的交流电器选相分合闸技术，提出采用单片机进行数据采集的解决方案②；有文献研究了智能变电站中断路器选相控制技术，阐述了过程层、站控层的数据通信方式③。但目前如何实现智能变电选相控制的文献较少。

2）总体设计

智能选相控制器主要采用电压/电流过零点技术控制断路器分闸、合闸。本节所设计的智能选相控制器硬件系统平台采用 POWER PC 处理器与 FPGA 相结合的处理机制，主要集成过程层合并单元、智能终端、选相控制器的功能（如图 7 - 10 所示）。

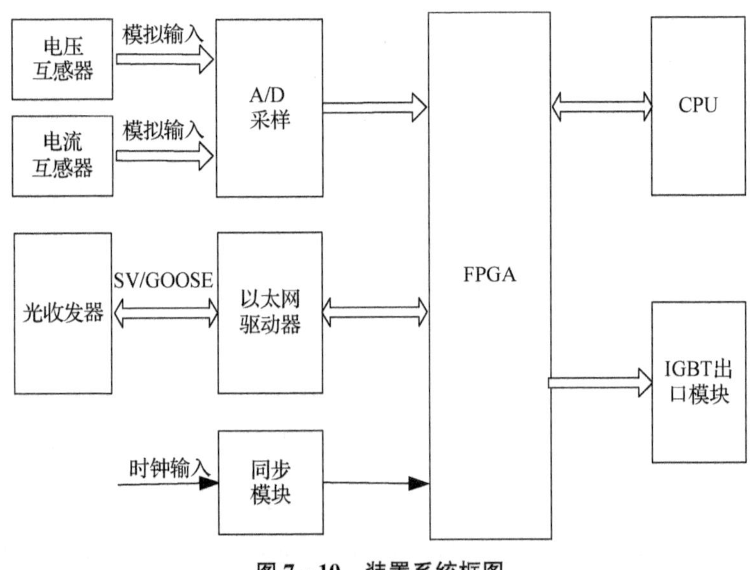

图 7 - 10　装置系统框图

本节介绍一种基于 FPGA 控制 IGBT 快速出口的选相分闸、合闸技术。同时，在设计研制阶段，充分考虑到装置抗电磁兼容性能。

在硬件平台中，CPU 模件的 FPGA 接收 GOOSE 报文跳闸信号，经 FPGA 逻辑运算后发出控制命令，然后输出 LVDS 信号给 IGBT 模件，经差分转单端信号后

① 白申义，魏金成，孙树平. 智能断路器的同步关合控制研究[J]. 西华大学学报，2009，28(1)：17 - 20.

② 田亮亮，杜太行，程志华. 基于信号处理的选相分合闸技术[J]. 电子设计工程，2011，19(5)：53 - 56.

③ 须雷，李海涛，王万亭，等. 智能变电站中断路器选相控制技术应用研究[J]. 高压电器，2014，50(11)：63 - 68.

驱动 IGBT，实现快速出口功能（如图 7－11 所示）。

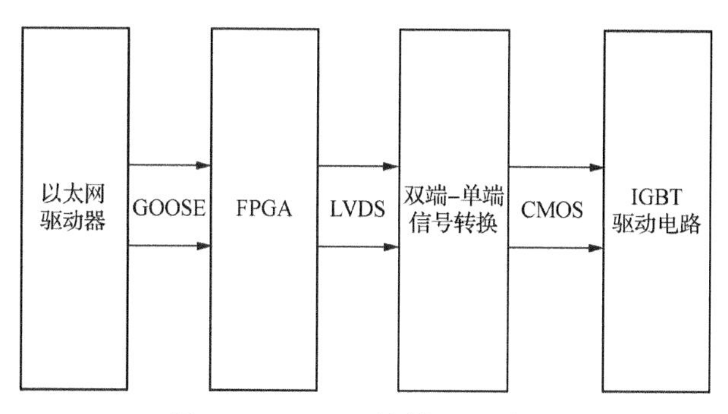

图 7－11　FPGA 控制 IGBT 框图

3）结构设计

智能选相控制器采用背板式模块化设计，主要由 CPU 模件、电源模件、AC 模件、IGBT 模件、DI 模件、DO 模件、TRIP 模件等组成（如图 7－12 所示）。其中，CPU 模件与 DI 模件、DO 模件之间采用 SPI 通信，CPU 模件与 IGBT 模件之间采用 LVDS 通信。

在装置结构设计中，为了提高装置的抗干扰能力，在母板模件布局时，将强电信号回路布局在左侧（如电源模件、操作回路模件、DI 模件、DO 模件依次放置在装置的左侧），高速信号回路布局在母板的中间（如 CPU 模件与 IGBT 模件的差分信号回路布局在 CPU 模件左侧，且差分数据线尽可能短，以减少其它回路通过耦合干扰串入差分回路中）。

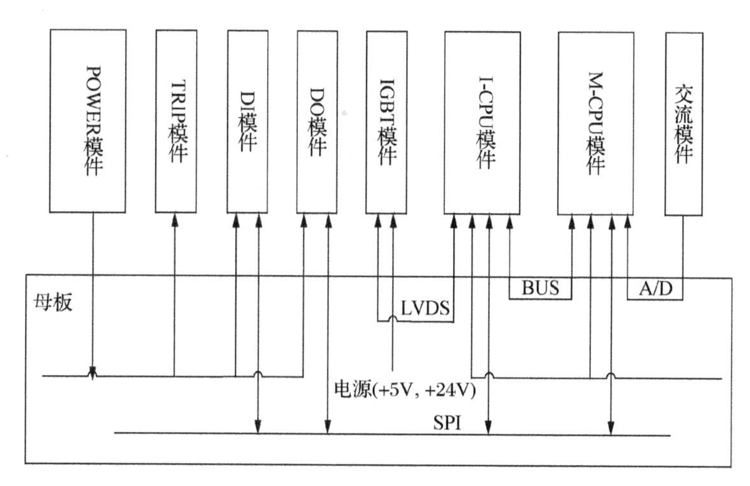

图 7－12　装置模件布局示意图

4）FPGA 控制回路设计

为提高控制回路的抗干扰能力，IGBT 模件采用 LVDS 差分电路，前端需配置

LVDS 接收器，并配置差分转单端芯片（如图 7－13 所示）。在控制电路与驱动电路中采用光耦 D_1 将输入信号与输出信号在电气上进行隔离，以防止高频干扰。

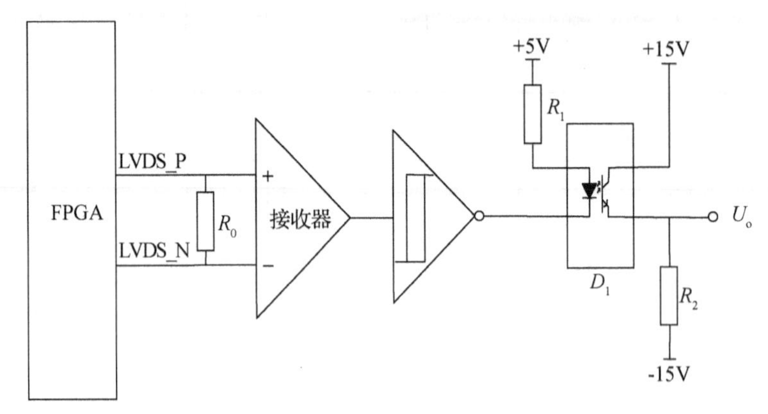

图 7－13　FPGA 控制电路原理图

5）IGBT 驱动回路设计

IGBT 采用栅极电压 U_{GE} 驱动。当对 U_{GE} 施加正偏电压＋15 V 时，IGBT 导通；当对 U_{GE} 施加负偏电压－15 V 时，IGBT 快速关断。为了减少一次设备对控制回路的干扰，每路 IGBT 采用独立的±15 V 电源模块供电。

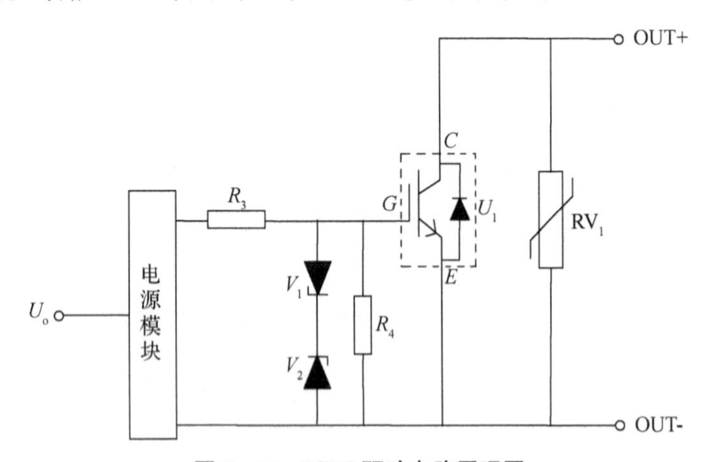

图 7－14　IGBT 驱动电路原理图

如图 7－14 所示，为了保护 IGBT 的栅极-发射极之间的电压 U_{GE} 的可靠性，在 IGBT 的 G 和 E 间采用双向稳压管进行钳位保护，以减少尖峰电压，防止 IGBT 误动；在 IGBT 的输出端 C 和 E 间并联压敏电阻，防止 IGBT 被浪涌干扰击穿。

6）电压/电流过零点的提取

软件采用模块化设计方法，包括系统初始化、中断处理、SV 接收与发送、GOOSE 接收与发送。主程序初始化后，FPGA 同步采集模拟量信号，POWER PC 处理开入、开出量信息，经逻辑判断后实现分闸、合闸等功能。图 7－15 所示为主程序流程图。

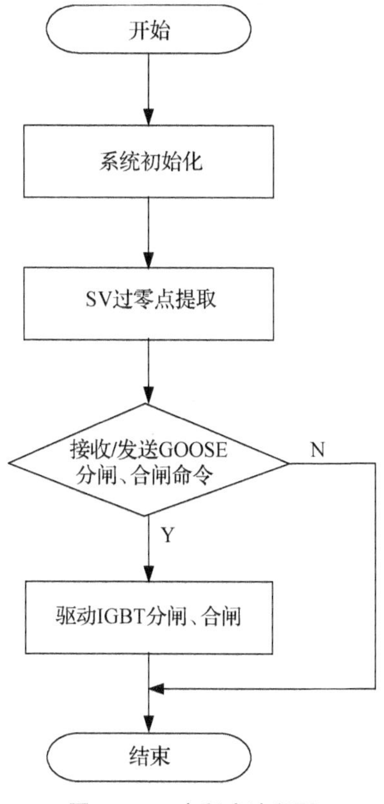

图 7－15　主程序流程图

过零点计算采用插值算法，当检测到 y_n 与 y_{n+1} 异号时，通过线性插值可计算出过零点时刻 t（如图 7－16 所示）。

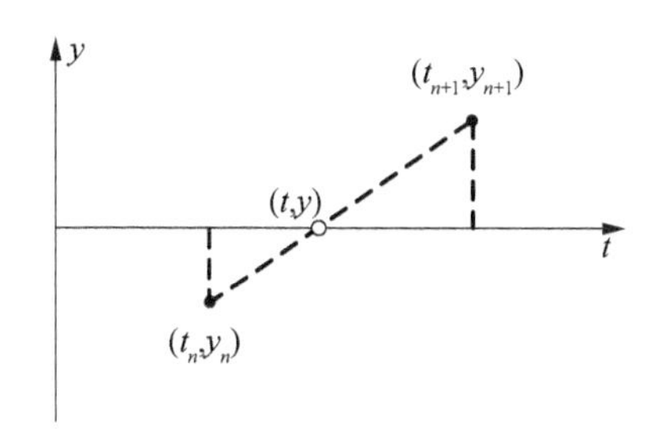

图 7－16　过零点计算示意图

过零点时刻 t 的计算公式为

$$t=t_n+\frac{|y_n|}{|y_n|+|y_{n+1}|}(t_{n+1}-t_n) \tag{7-5}$$

以此时刻为基准可预测出下一个过零点时刻 t_0，它们之间相差半周期的整数倍，即

$$t_0=t+\frac{kT}{2} \tag{7-6}$$

式中，$k=1,2,\cdots,n$；$T=20$ ms。

7）IGBT 触发时刻的提取

IGBT 控制回路动作时间的准确性是保证断路器分闸、合闸的关键之处。智能选相控制器接收到分闸、合闸命令时还需考虑回路延迟时间 t_d，令 IGBT 动作时间为 t_{on}，则

$$t_{on}=t_0-t_d \tag{7-7}$$

8）软件程序抗干扰措施

为了提高智能选相控制器的抗干扰能力，在软件中需加入防干扰算法：在插值计算中得到的过零时刻与上一个过零点相差半周期的整数倍（可以设置误差裕度为 ε），则更新基准过零点，否则还以上次计算的过零点为基准。图 7－17 为抗干扰中断算法流程图。

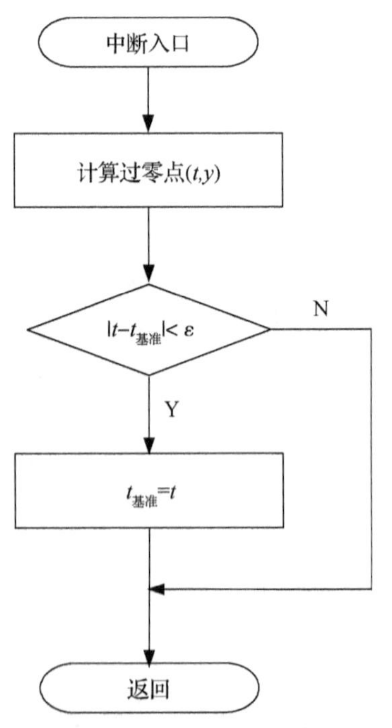

图 7－17　中断算法流程图

7.3.3　IGBT 驱动回路的输出

1）试验结果

本节设计的智能选相控制器从 FPGA 发出分闸、合闸命令，到 IGBT 导通，动作时间小于 1 ms，满足了快速出口功能。在按表 7－1 所列试验等级进行试验时，装置不拒动、误动。

2）本节小结

现阶段，智能电网正朝着一次设备智能化、二次设备网络化方向发展。目前，在智能变电站中，过程层产品在技术上逐渐成熟，但是一次设备的智能化还需要进行进一步的研究。本节设计的智能选相控制器，结合过程层应用技术，整合了合并单元、智能终端、选相控制器等功能，采用 FPGA 直接控制了 IGBT 实现分闸、合闸。在硬件上，优化了装置单模件 PCB 布局、布线设计；在软件上，采用了抗干扰保护算法。该智能选相控制器能实现智能变电站中断路器在电压/电流过零点处快速分闸、合闸，且装置的整体电磁兼容抗干扰能力强，适合于工程应用。

8 抗浪涌干扰

8.1 浪涌抗扰度试验分析

8.1.1 试验标准

在 GB/T 17626.5 中规定的浪涌抗扰度试验等级如表 8-1 所示。

表 8-1 浪涌抗扰度试验等级

等级	开路试验电压(±10%)(kV)
1	1.0
2	2.0
3	3.0
4	4.0
X	特定

注:X 为开放等级,该等级必须在产品要求中加以规定。

8.1.2 试验波形

浪涌电压波形为 1.2/50 μs,浪涌电流波形为 8/20 μs。从下面的浪涌电压波形图8-1中可以看出,骚扰能量高,持续时间长,且能量主要集中在 1 MHz 以下,是一种具有极强破坏能力的共模和差模干扰。

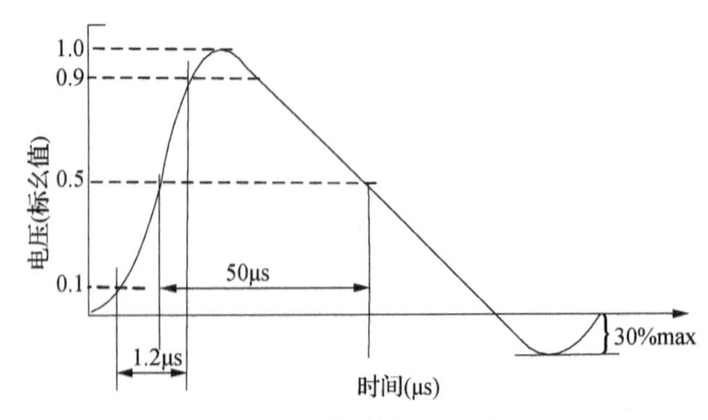

图 8-1 开路电压波形(1.2/50 μs)

8.2 继电器开出回路

8.2.1 继电器开出回路的输入

1）概述

合并单元和智能终端是智能变电站过程层的重要装置[①]，就地安装在户外柜内。为了进一步节约户外柜空间，优化资源，需整合合并单元和智能终端的功能实现合智一体化[②]。

2）技术要求

根据 DL/T 478—2013 中相关规定，在变电站运行的保护装置出口接点必须通过浪涌 4 级抗干扰试验。

8.2.2 继电器开出回路的工具与技术

1）概述

近年来，国内对变电站设备的抗电磁干扰技术做了一些研究，例如，有文献提出了改进硬件平台系统，提高微机保护的抗电磁干扰能力[③]；有文献分析了就地安装的智能电子设备的电磁兼容问题[④]；有文献采用对消方法抑制互感器耦合电磁干扰[⑤]；有文献提出了共地系统的一些等电位连接方法及开关量输入端口的抗干扰措施[⑥]；有文献对智能高压设备的电磁兼容性试验端口模型进行了研究[⑦]；有文献采用 EMI 滤波器抑制传导干扰[⑧]；还有文献研究了同步断路器控制装置的抗电

---

① 李孟超，王允平，李献伟，等. 智能变电站及技术特点分析[J]. 电力系统保护与控制，2010，38(18)：59－62.

② 刘曦，朱继红. 关于合并单元和智能终端应用模式的探讨[J]. 浙江电力，2011，3：15－18.

③ 黄蕙. 微机继电保护硬件系统的抗电磁干扰设计策略[J]. 电力系统保护与控制，2010，38(20)：220－224.

④ 陆征军，李超群，李燕，等. 就地安装的智能电子设备的电磁兼容问题[J]. 高压电器，2013，49(7)：92－95.

⑤ 赵治华，张向明，李建轩，等. 互感器耦合电磁干扰的对消方法[J]. 电工技术学报，2010，25(1)：19－23.

⑥ 景展，余华武. 变电站微机装置接地的电磁兼容性能设计[J]. 电网技术，2010，34(6)：48－52.

⑦ 李素洁，刘易勇，周正兴. 智能高压设备的电磁兼容性试验端口模型研究 [J]. 高压电器，2013，49 (12)：37－41.

⑧ 石磊磊，王世山，徐晨琛. 二端口网络散射参数理论及其在平面 EMI 滤波器测试中的应用[J]. 电工技术学报，2013，28(2)：78－85.

磁干扰方法①。但整体而言,国内对就地化装置抗干扰的研究还较少。而就地化的合智一体装置易受变电站电磁环境干扰,直接影响到了装置的可靠运行②③。

目前,就地化合智一体装置在功能上已经满足工程需要,它的电磁兼容问题是迫切需要解决的主要问题,也是未来实现一次设备智能化的关键技术要求。本节从装置结构设计、硬件电路设计的角度提出相应的抗干扰措施,并通过试验结果验证相关改进措施的有效性。

2) 总体设计

合智一体装置的模件主要由 CPU 模件、AC 模件、TDC 模件、OPT 模件、电源模件、操作回路(TRIP)模件、DI 模件、DO 模件等组成(如图 8-2 所示)。合智一体装置采用两块 CPU,即合并单元 CPU(M-CPU)和智能终端 CPU(I-CPU),它们各自独立工作,两者间需要交互的信息通过内部快速总线以太网报文的方式实现。

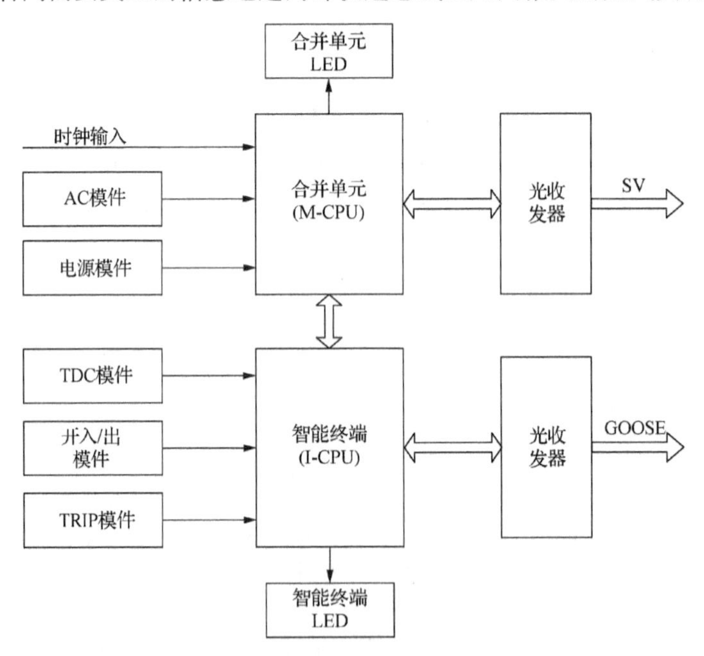

图 8-2　合智一体装置结构原理图

① 方春恩,温佐云,庞力,等.同步断路器控制装置的电磁兼容研究[J].高压电器,2012,48(12):12-17.

② 李美,王小华,苏海博,等.中压开关柜状态在线监测装置电磁兼容性能研究[J].高压电器,2011,47(4):69-74.

③ 贾涛,袁渊,张媛,等.电磁干扰对高压开关设备可靠性影响的研究[J].高压电器,2012,48(11):58-62.

合并单元的主要功能是同步采集一次设备的电流或电压模拟信号，经 A/D 数据处理后通过 IEC 61850－9－2/9－2LE 协议以每周波 80 个点的采样率发送采样值(Sample Value，简称 SV)报文给间隔层装置。根据 9－2LE 的规定，数据集里增加了品质(Quality)这一参数，每个采样数据后跟 4 字节的品质位(低 2 位中，00 代表有效，01 代表无效)。在 EMC 试验过程中，品质位易被置为无效。

智能终端主要功能是采集开关输入量、直流量信息，通过 GOOSE 报文上传给间隔层装置，并接收 GOOSE 报文实现跳闸等功能。智能终端主要以 GOOSE 报文与间隔层传输，这是因为报文传输比较稳定，但由于其控制的开入模件、开出模件、操作回路模件数量多，易干扰合并单元的交流通信回路。

3) 结构设计

合智一体装置的设计并不是简单地将合并单元和智能终端拼凑在一起，在主要模件不做改动、单模件满足功能的同时，需要考虑电磁兼容性的各项要求。首先，根据各模件的功能特点优化整个装置的结构(布局)设计；其次，选择合适的抗干扰元器件对易受干扰回路采取必要的干扰抑制措施；最后，优化各模件的 PCB 布局、布线。

在装置材料选型中，良好的接地是防止瞬态干扰的重要手段。为了加强整装置的接地性能，装置机箱采用金属表面导电氧化工艺处理。

在装置结构设计中，各模件之间合理的布局可以减少模块间的相互干扰。如图8－3所示，为了避免强电信号干扰耦合到交流回路，模件布局时将强电信号回路布局在左侧(如电源模件、操作回路模件、DI 模件依次放置在装置的左侧)，高速信号回路布局在母板的中间(如 CPU 模件、OPT 模件、TDC 模件)，交流信号回路布局在右侧，且模拟量采集数据线尽可能短，以避免其它回路通过耦合干扰串入交流回路中。

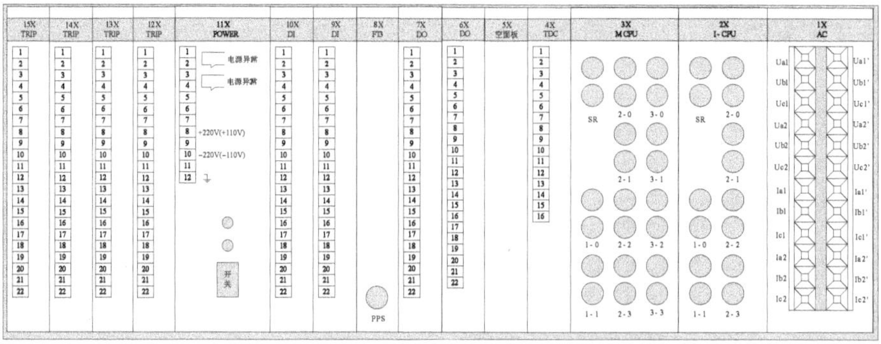

图 8－3　装置背板图

4）开出回路设计

浪涌主要以传导方式作用于开入/开出端口，能将开出回路中的光耦副边打断，致使开出回路继电器不能出口动作。

在开出回路设计图（见图 8－4）中，采用的是 24 V 继电器。首先，采用光耦 D_1 实现光电隔离，因此光耦副边电压为＋24 V，在 A 点对＋24 V 加电容，可以有效抑制浪涌干扰；其次，PCB 布线中，强电回路与弱点回路间距大于 3 mm。

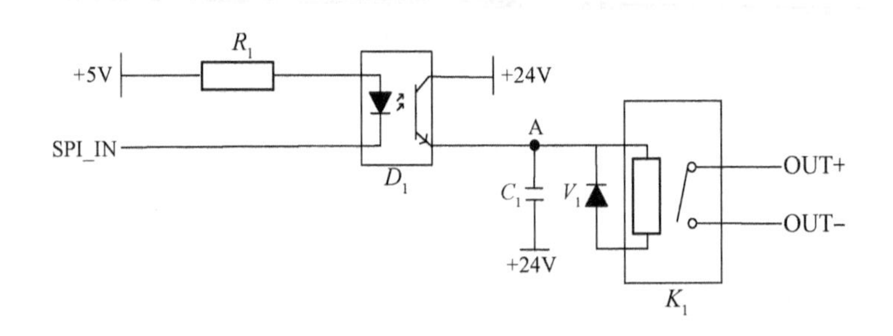

图 8－4　改进的开出回路

8.2.3　继电器开出回路的输出

1）试验结果

通过合理设计开出回路及优化 PCB 布局，可减少强电中的干扰耦合到光耦。对 DO 模件施加 4 级浪涌干扰，光耦工作良好，继电器能正常动作。

2）本节小结

本节从瞬态干扰产生的根源、传播的途径入手对浪涌干扰提出了相应的抑制措施。试验结果表明，改进后的装置能满足各项指标的试验要求。

8.3　IGBT 开出回路

8.3.1　IGBT 开出回路的输入

1）概述

电力系统保护控制装置中继电器动作时间在 10 ms 左右，远远不能满足快速出口的要求。近些年来，随着电力电子技术的逐渐发展，IGBT 开关频率已能达到 100 kHz 以上。目前，采用 IGBT 代替继电器实现快速出口，已在弧光保护装置、智能选相控制器中得到了一定应用①~④。

2）技术要求

根据 DL/T 478—2013 中相关规定，在变电站运行的保护装置的 IGBT 出口接点必须通过浪涌 4 级抗干扰试验。

8.3.2 IGBT 开出回路的工具与技术

1）概述

由于单管 IGBT 耐压低、易损坏，且在变电站中 IGBT 开关电路极易受到雷击浪涌的干扰，直接影响到装置的可靠运行。虽然国内已有文献研究了 IGBT 驱动电路的保护⑤~⑦，但研究单管 IGBT 开关电路的抗干扰方面的文献依然较少，因此，提高 IGBT 开关电路的抗干扰能力成为当务之急。

在 EMC 试验中，浪涌抗扰度试验是衡量 IGBT 开关电路的一个重要指标。本节，我们针对 IGBT 开关电路在浪涌实验中出现的若干问题，提出相应的过压、过流、过热等抑制措施，提高了 IGBT 开关电路的抗干扰能力。

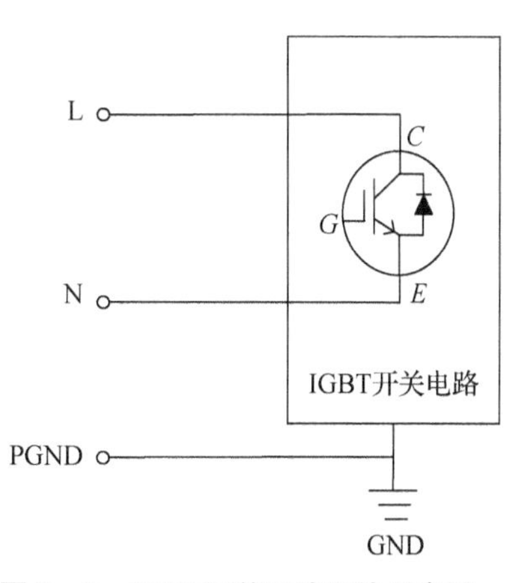

图 8-5 IGBT 开关回路干扰示意图

浪涌干扰主要分为共模干扰、差模干扰，其中差模干扰主要以传导方式作用于 IGBT 开关端口。如图 8-5 所示，在试验中，我们对 IGBT 开关的 C,E 两端施加差模干扰 2kV，常将单管 IGBT打坏，致使 IGBT 开关电路误动作，降低

---

① 彭军林，牛洪海，王言国，等. 基于双核处理器的新型电弧光保护装置设计[J]. 低压电器，2013,6:25-29.

② 宁楠，王磊，赵轩，等. ABB REA100 系列弧光保护在 110kV 变电站的应用及研究[J]. 贵州电力技术，2013,16(8):64-67.

③ 张嘉玲，杨慧霞，蒋冠前. 弧光保护关键技术研究[J]. 电力系统保护与控制，2013,41(14):130-134.

④ 须雷，李海涛，王万亭，等. 智能变电站中断路器选相控制技术应用研究[J]. 高压电器，2014,50(11):63-68.

⑤ 戴珂，段科威，张叔全，等. 一种光纤传导的大功率 IGBT 驱动电路的设计[J]. 通信电源技术，2011,28(3):1-3.

⑥ 邱进，陈轩恕，刘飞，等. 基于有源电力滤波器的 IGBT 驱动及保护研究[J]. 通信电源技术，2008,25(5):4-6.

⑦ 于飞，朱炯. 数字 IGBT 驱动保护电路设计[J]. 电测与仪表，2014,5(10):116-119.

了装置的可靠性。

2）总体设计

IGBT 是由 BJT 和 MOSFET 组成的复合全控型电压驱动功率半导体器件，具有高输入阻抗、低导通压降等特点。在硬件设计中，利用 IGBT 的高开关频率特性，能实现快速出口功能。

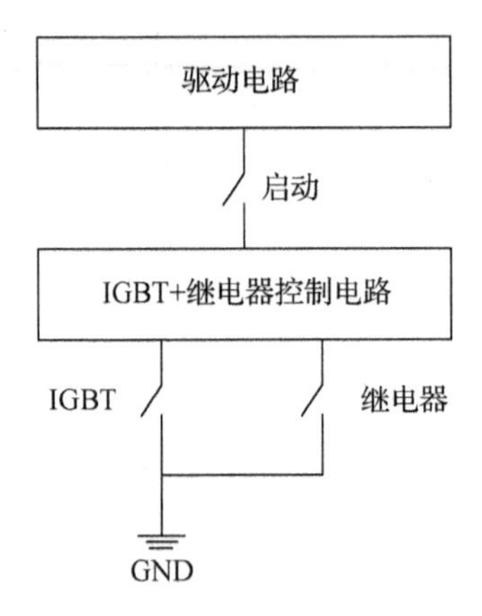

图 8－6　IGBT 出口回路示意图

如图 8－6 所示，采用 IGBT 和继电器并联方式，继电器实现对 IGBT 的分流。其工作原理如图 8－7 所示，即在 t_0 时刻 IGBT 接收到控制命令，在 t_1（小于 50 μs）时刻 IGBT 导通，实现快速出口，继电器在 t_2（小于 5 ms）时刻导通，从而有效的降低了 IGBT 的热耗，减少了 IGBT 的过流，避免 IGBT 损坏。

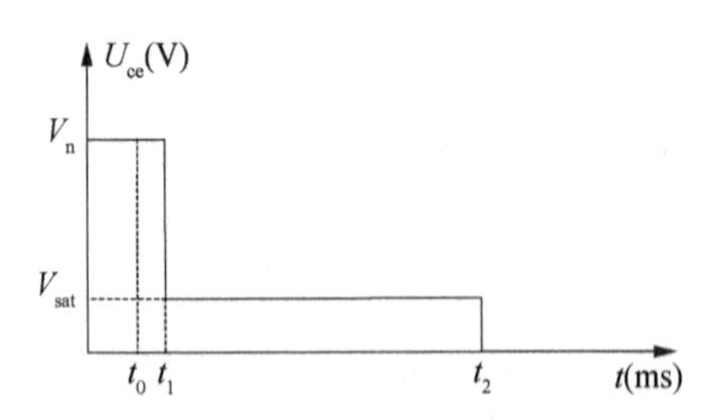

图 8－7　IGBT 开关导通时间示意图

3）IGBT 隔离控制电路设计

IGBT 控制电路为弱电部分，由 FPGA 的 BANK 模块的 I/O 信号进行控制，极易受到干扰。为提高 FPGA 控制回路的抗干扰能力，控制电路需与驱动电路隔离。如图 8－8 所示，我们采用光耦 D_1 进行隔离。

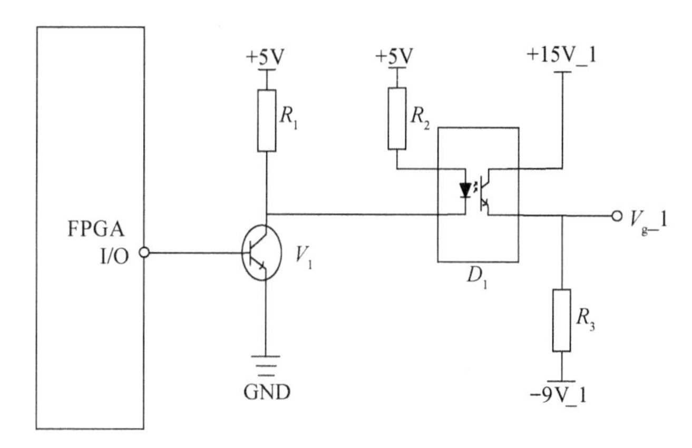

图 8－8 IGBT 隔离电路原理图

IGBT 驱动电路由独立的 DC－DC 电源模块供电，5 V 电源系统为每路单独提供不共地电源，避免不同出口回路的干扰串入 IGBT 控制回路。以 3 路 IGBT 快速出口设计为例(如图 8－9 所示)，栅极驱动电压分别采用＋15 V，－9 V，这个电压值控制 IGBT 快速导通、关断，并能减小关断损耗。本节选用的高隔离电压电源模块为 R05P1509D，交流耐压值为 3.2 kV，能有效地抑制共模干扰。

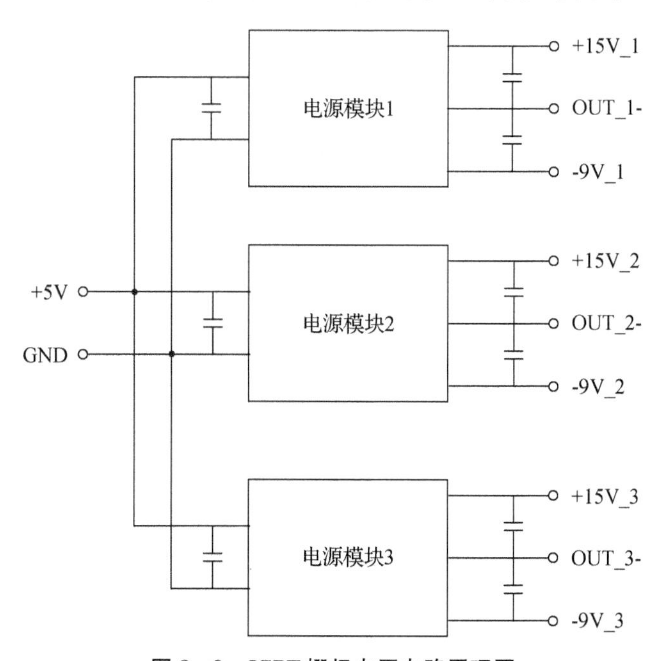

图 8－9 IGBT 栅极电压电路原理图

4）IGBT 保护电路与驱动电路设计

由于单管 IGBT 对过电压敏感，在浪涌试验中，对单管 IGBT 的 C,E 两端直接抗差模干扰易击穿单管 IGBT，因此需要对出口回路进行保护。可选择合适的浪涌保护器件与出口回路并联，以便吸收或释放能量，因此需要根据浪涌保护器件的特性选择和设计多级保护电路。如图 8－10 所示，这里我们选取整流二极管、压敏电阻、安规电容等浪涌抑制器件对单管 IGBT 进行防护。

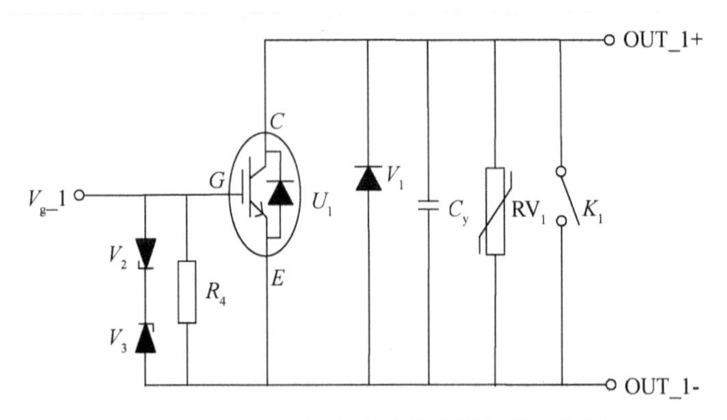

图 8－10　IGBT 开关电路抗浪涌保护电路图

根据 IGBT 开关主要应用于直流电压 220 V，0～5 A 这一特性，需要选用耐压高、通流大的单管 IGBT。我们所选用的 IGBT 型号是 FGH25T120SMD，参数集射电压 V_{CES} 为 1200 V，集电流 I_C 为 25 A，内部的逆向二极管的导通压降 V_F 为 2.8 V，导通电流 I_F 为 25 A。

整流二极管 V_1 的型号为 1N5408，导通压降 V_F 为 1.2 V，其响应时间较快，用于保护 IGBT 内部的逆向二极管。当施加 L－N 干扰时，V_1 可先于 IGBT 内部的逆向二极管导通，从而避免逆向二极管被正向击穿。

压敏电阻 RV_1 的型号为 471KD14，工作区间为 423～517 V，最大工作电压为直流 385 V，最大钳位电压为 775 V，最大通流为 6000 A，具有通流能力大、残压低、响应时间快等特点。当干扰电压超过一定值时，RV_1 能将两端电压钳位，从而避免 IGBT 被击穿。

安规电容 C_y 的型号为 X1Y1 471K，通流能力强，吸收浪涌电流能力强，可保护 IGBT的 C,E 两端不被差模干扰击穿。

5）PCB 设计

在 PCB 电路上，将控制回路与驱动回路分开布线；出口回路线尽量加粗、加宽；IGBT 封装下方需增大焊盘，做铺铜处理，以保证 IGBT 散热。部分 IGBT 开关电路如图 8－11 所示。

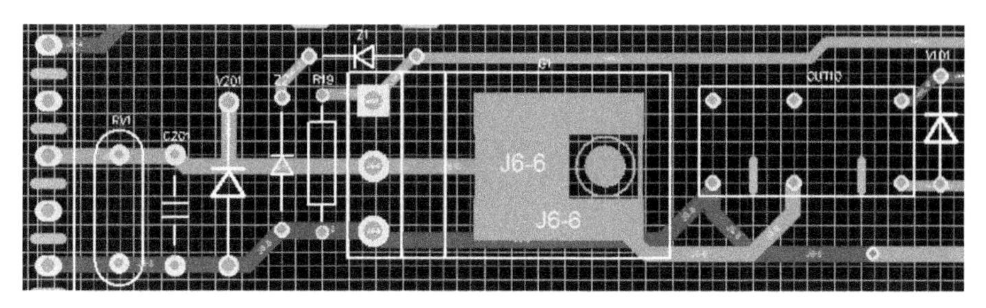

图 8-11 部分 IGBT 开关电路 PCB 布图

8.3.3 IGBT 开出回路的输出

1）试验结果

在功能上，本节设计的 IGBT 快速开关电路从接收动作指令到出口，动作时间小于 1 ms，实现了快速出口功能。

在浪涌抗扰度试验中，本节设计的 IGBT 开关电路在 4 级通过的基础上试验电压还可以提高 10%，且在试验过程中装置不拒动、误动。具体的试验结果如表 8-2 所示。

表 8-2 浪涌试验结果

试验方法	试验电压	实验结果
L-PE	±4.2 kV	正常
N-PE	±4.2 kV	正常
L-N-PE	±4.2 kV	正常
L-N	±2.1 kV	正常

2）本节小结

通过对单管 IGBT 器件的分析，采用 IGBT 和继电器并联的方式，在实现快速出口功能的同时，并联的继电器降低 IGBT 的通流；为提高 IGBT 开关电路的抗差模干扰，选取合适的浪涌抑制器件对 IGBT 器件进行保护，以提高系统的可靠性。试验结果表明，改进后的 IGBT 开关电路能满足 4 级出口回路浪涌试验的要求。本节设计的 IGBT 开关电路有较强的通用性，已在智能选相控制器、弧光保护装置及对出口要求较高的测试装置中成功应用，为今后 IGBT 快速开关电路的应用提供了参考依据。

9 抗阻尼震荡波干扰

9.1 阻尼震荡波抗扰度试验分析

9.1.1 试验标准

在 GB/T 17626.12 中规定的阻尼震荡波抗扰度试验等级如表 9-1 和表 9-2 所示。

表 9-1 振铃波试验等级

等级	共模电压(kV)	差模电压(kV)
1	0.5	0.25
2	1	0.5
3	2	1
4	4	2
X	特定	特定

注:X 为开放等级,该等级可在产品规范中加以规定。

表 9-2 阻尼震荡波试验等级

等级	共模电压(kV)	差模电压(kV)
1	0.5	0.25
2	1	0.5
3	2.5	1
4	—	—
X	特定	特定

注:X 为开放等级,该等级可在产品规范中加以规定。

9.1.2 试验波形

本试验波形如图 9-1 所示,其中,T_1 为上升时间(开路电压,时间为 0.5 μs;短路电流,时间为 1 μs),T 为振荡周期(10 μs)。

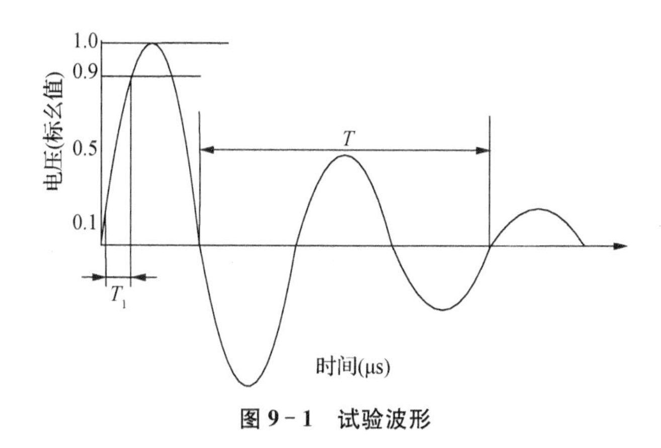

图 9-1 试验波形

9.2 积分回路

9.2.1 积分回路的输入

1）概述

保护用电子式电流互感器主要是由罗氏线圈和保护装置的采集器两部分组成（如图 9-2 所示）。模拟积分器还原出罗氏线圈输出的原始模拟信号，通过 A/D 转换器转换为数字信号，经现场可编程门阵列（FPGA）与中央处理器（CPU）进行逻辑判断，在界面显示并实现保护测控。

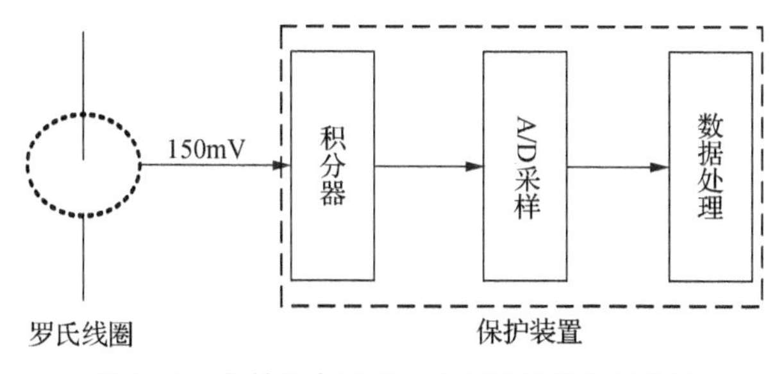

图 9-2 保护用电子式电流互感器结构示意图

2）技术要求

根据电力行业的相关规定，保护装置的积分回路需通过表 9-1 中 4 级试验的要求及表 9-2 中 3 级试验的要求。

9.2.2 积分回路的工具与技术

1）概述

电子式电流互感器由于其绝缘结构简单、动态范围大、体积小、输出信号可直接接入保护和测控装置等优点，在智能变电站得到一定应用①②。但由于变电站电磁干扰环境恶劣，导致电子式电流互感器的积分器在运行中会出现异常，将直接影响保护和测控装置的安全运行。因此，提高保护用电子式电流互感器积分器的抗扰度，对电子式电流互感器的发展极其重要。

电磁兼容性是衡量保护装置的一个重要指标。近年来，国内相关科技人员对电子式电流互感器的功能设计做了一些研究。例如，有文献研究了非均匀外磁场对罗氏线圈的干扰③；有文献研究了一种分析外界非均匀磁场对罗氏线圈的干扰的新方法④；有文献研究了一种新型的采集器，通过可编程增益放大器对小信号进行处理，可提高小信号的抗干扰能力⑤。但在电磁兼容方面，针对积分器抗干扰设计的文献较少。

这里，我们针对保护用电子式电流互感器积分器在电磁兼容试验中出现的若干问题，从硬件电路设计的角度给出一种能抑制共模干扰、差模干扰的积分电路，以提高积分器的抗电磁干抗性能。

笔者初始设计的模拟积分回路为有源积分器回路(如图 9－3 所示，其中 GND 为工作地，PGND 为机壳地)，由运算放大器 U_2、积分电阻 R_1 和积分电容 C_1 构成。为了验证积分器的抗干扰能力，需单独对积分器回路的输入端(＋150 mV，GND)直接施加干扰(干扰极性 L，N)。

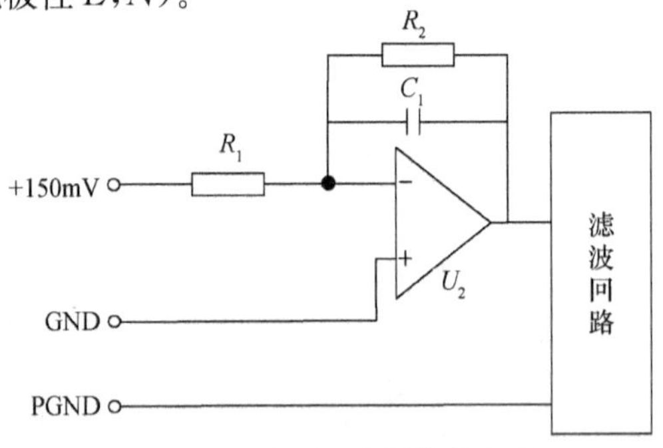

图 9－3　模拟积分器等效电路

---

① 童悦，张勤，叶国雄，等. 电子式互感器电磁兼容性能分析[J]. 高电压技术，2013，39(11)：2829－2835.

② 刘彬，叶国雄，郭克勤，等. 基于 Rogowski 线圈的电子式电流互感器复合误差计算方法[J]. 高电压技术，2011，37(10)：2391－2397.

③ 池立江，颜语，汶占武. 非均匀外磁场对罗氏线圈的干扰研究[J]. 电力系统保护与控制，2011，39(15)：151－154.

④ 池立江，颜语，郭颖宝. 外磁场对罗氏线圈的影响分析及验证方法[J]. 高压电器，2011，47(12)：71－75.

⑤ 牟涛，周丽娟，周水斌，等. 高精度电子式电流互感器采集器的设计[J]. 电力系统保护与控制，2011，39(20)：141－144.

装置内部整定保护动作值为 5 A，若模拟积分器输入电压为 0.150 V，则装置显示 5 A，保护动作。在电磁兼容试验中，当直接对积分器施加干扰时，积分器输入回路施加电压为 0.135 V(90%的额定电压)，装置显示 4.5 A，当干扰叠加到输入回路突变量超过 0.5 A，即模拟输入电压大于 0.015 V 时，则保护动作。

该电路设计简单，但抗干扰能力较差，在施加电快速瞬变脉冲群、浪涌共模干扰以及浪涌差模干扰时，积分器回路的芯片易被打坏，导致工作失效、保护动作等。

2）总体设计

为提高积分器的抗干扰能力，积分器输入级前端采用安规电容、压敏电阻、瞬变抑制二极管、金属膜电阻、高频电容、高共模抑制比差分运放等元器件，对干扰信号进行浪涌抑制、电压钳位、高频滤波、信号隔离，以提高积分器的抗干扰能力。改进后的模拟积分器等效电路如图 9-4 所示。

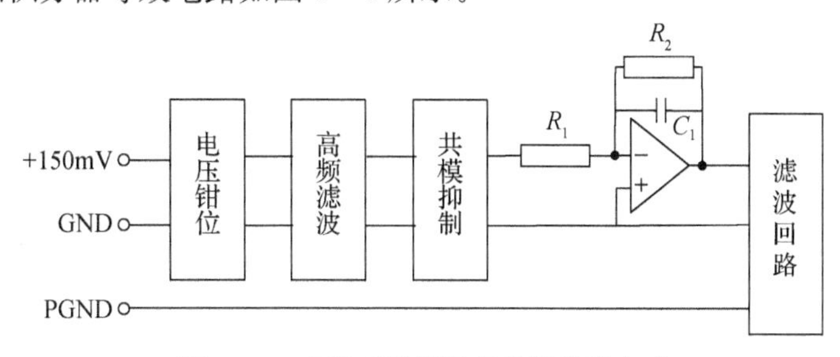

图 9-4　改进后的模拟积分器等效电路

3）差分运放电路设计

为提高积分器的抗干扰能力，在积分器的输入端前置差分运放，实现积分器的隔离(如图 9-5 所示)。在差分运放的输入端 U_{1-}，U_{1+} 前端分别加金属膜电阻 R_{31}，R_{32}，起到阻尼作用，可对芯片管脚进行保护。

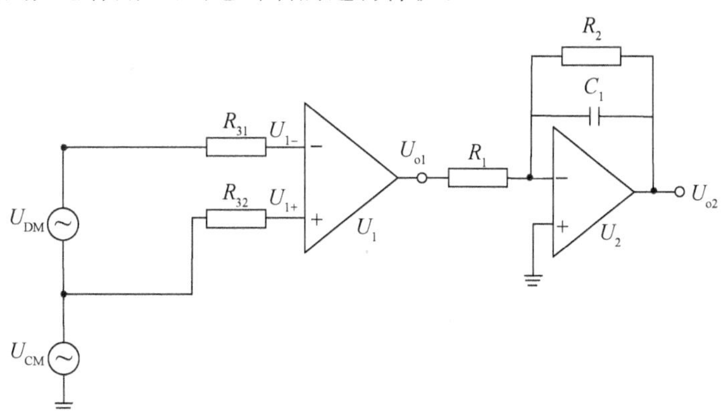

图 9-5　差分运放等效电路

在抗电磁干扰回路设计中，差分运放参数的选取非常重要，其中共模电压、输入阻抗、共模抑制比这 3 个参数的选取对抗干扰能力有一定的影响。这里我们选取的差分运放的共模电压为±600 V，输入阻抗为 2 MΩ，共模抑制比为 96 dB。

一个理想的差分运放能完全抑制共模信号。衡量共模信号被抑制程度的指标为共模抑制比，即

$$k_{cmr}=\frac{A_d}{A_c} \tag{9-1}$$

式中，A_d 为差模电压增益；A_c 为共模电压增益，理论上其值为 0。

计算共模电压增益，是由于差分运放在输入差模信号的同时伴随着共模信号输入，因此实际输出电压是差模信号和共模信号两部分作用的结果。实际输出电压的计算公式为①②

$$U_{o1}=A_d\left(U_{dm}+\frac{U_{cm}}{k_{cmr}}\right) \tag{9-2}$$

式中，U_{dm}为差模电压，$U_{dm}=U_{1+}-U_{1-}$；U_{cm}为共模电压，$U_{cm}=\frac{U_{1+}+U_{1-}}{2}$。

由共模电压引起的差模电压 U_{cm_diff}的计算公式为

$$U_{cm\_diff}=\frac{A_dU_{cm}}{k_{cmr}} \tag{9-3}$$

试验中，U_{cm_diff}的值必须小于保护动作的突变量值。这里选取的差分运放的频率在 1 kHz 以下，k_{cmr}较大，达到 96 dB；当频率大于 1 kHz 后，k_{cmr}迅速下降，对高频信号抑制较弱。因此，在抗瞬态干扰试验中，抑制高频共模干扰极其重要。

4）电压抑制电路设计

为抑制浪涌的低频干扰，首先是采用压敏电阻与安规电容并联（此回路具有抑制电压低、通流大等特点）；其次是选取压敏电阻的容量（要根据差分芯片的共模电压范围来选取，这里我们选取的差分运放的共模电压为±600 V，因此选取 520 V 压敏电阻，可将共模 2000 V 电压钳位在 520 V 左右）；最后是计算由共模电压产生的差模电压（结果为 8.2 mV，此值小于保护装置动作值的突变量 15 mV，不会对装置产生影响）。

为抑制 $L-N$（相线与零线）间的差模干扰，采用两级钳位电路（如图 9-6 所示）。其中，第 1 级保护电路使用 47 V 的压敏电阻 RV_{13}，把干扰电压钳位到 47 V 左右；第 2 级保护电路采用 5 V 的瞬变抑制二极管TVS_{13}，把剩余的干扰电压钳位在 5 V 左

① 牛滨，陈松景，孙晶华，等.差动放大电路共模干扰抑制能力的研究[J].哈尔滨理工大学学报，2009，14(1)：92-95.

② 童诗白，华成英.模拟电子技术基础[M].4 版.北京：高等教育出版社，2006.

右。瞬变抑制二极管具有响应速度快、能允许大电流通过以及抑制瞬态干扰能力强等特点①。

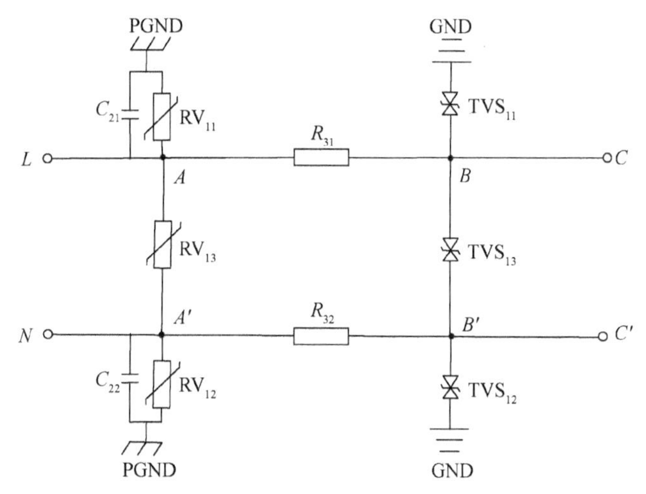

图 9-6　电压抑制等效电路图

5）高频滤波抗干扰设计

为抑制高频干扰，采用 RC 型低通滤波回路，差模干扰可通过 R_{41}，C_{33}，R_{42}进行滤波(如图 9-7 所示)。设计低通滤波回路－3 dB 截止频率为 10 kHz，能有效抑制浪涌的高频干扰和瞬变的高频干扰。

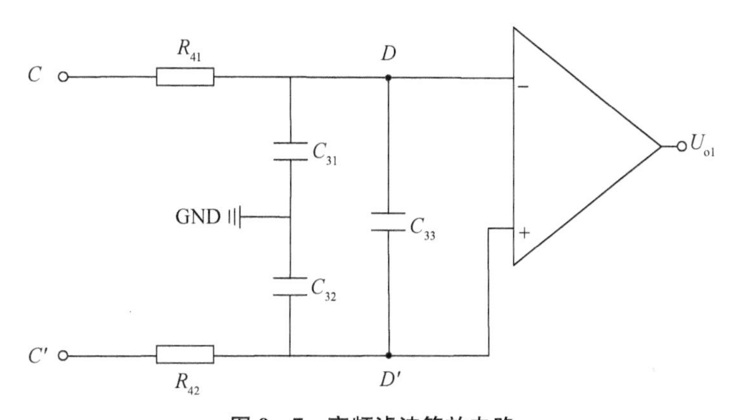

图 9-7　高频滤波等效电路

6）接地系统抗干扰设计

装置单模件采用的是浮地系统，保护地与模拟地、数字地在物理上实现隔离，

① 莫付江，阮江军，陈允平. 浪涌抑制与电磁兼容[J]. 电网技术，2004，28(5)：69-72.

从而抑制了外界带来的干扰。电路板采用 4 层板设计,从顶层到底层依次为信号线、电源线(+12 V,-12 V)、AGND 和 GND,其中 AGND 与 GND 通过辅铜连接在一起。

9.2.3 积分回路的输出

1) 试验结果

改进后的模拟积分器回路中施加 0.135 V 的故障量,在传导性的干扰试验中能通过表 9-1 及表 9-2 所要求的试验等级。试验过程中装置能正常运行,不误动、不拒动。

2) 本节小结

模拟积分器回路的抗干扰性能是保护用电子式电流互感器的一项关键指标。本节我们采用高共模电压、高共模抑制比的差分运放回路抑制干扰:在低频干扰阶段,采用安规电容、压敏电阻相结合来吸收泄放低频能量;在高频干扰阶段,通过 RC 滤波措施抑制干扰。试验结果证明:本节设计的模拟积分器适用于小信号回路,采取的抑制措施有较好的实用价值。

10 抗工频磁场干扰

10.1 工频磁场抗扰度试验分析

10.1.1 试验标准

变电站中电气设备的工作频率为 50 Hz,其周围空间能形成工频磁场。该磁场很难屏蔽,磁力线可以穿透我们生活中大多数材料,且基本上不会产生畸变或减弱①。

GB/T 17626.8 中规定的工频磁场抗扰度试验等级如表 10-1 和表 10-2 所示。

表 10-1 稳定持续磁场试验等级

等级	磁场强度(A/m)
1	1.0
2	3.0
3	10.0
4	30.0
5	100.0
X	特定

注:X 是开放等级,该等级可在产品规范中加以规定。

表 10-2 1~3 s 的短时试验等级

等级	磁场强度(A/m)
1	—
2	—
3	—
4	300.0
5	1000.0
X	特定

注:X 是开放等级,该等级可在产品规范中加以规定。

---

① 世界卫生组织. WHO"国际电磁场计划"的评估与建议[M]. 杨新村,李毅,译. 北京:中国电力出版社,2008.

10.1.2 试验方法

工频磁场分稳定持续磁场和短时磁场两种，试验等级最高为 5 级，磁场强度为 1000 A/m，时间为 3 s，并分别在 x，y，z 轴三个方向施加干扰（如图 10－1 所示）。

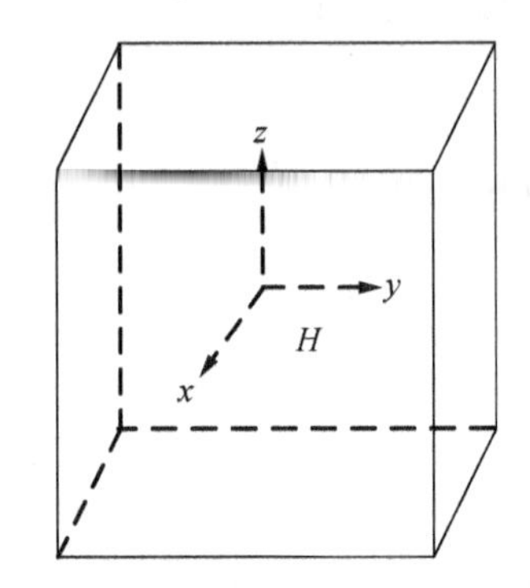

图 10－1 装置被干扰方向示意图

10.2 电流互感器回路

10.2.1 电流互感器回路的输入

1）概述

合并单元校验仪采用已经校正过的标准互感器，通过网卡，将经精密 A/D 采集器转换的数字信号 I_2 以及被测互感器经过合并单元输出的数字信号 I_1 一并输入到 PC 机，然后通过软件进行数据处理计算（即通过式（10－1）和（10－2）得出比值差与相位差）。具体的测试原理如图 10－2 所示。

$$\Delta I_{\varepsilon}=\frac{I_2-I_1}{I_2}\times 100\% \tag{10-1}$$

$$\Delta\theta=\theta_1-\theta_2 \tag{10-2}$$

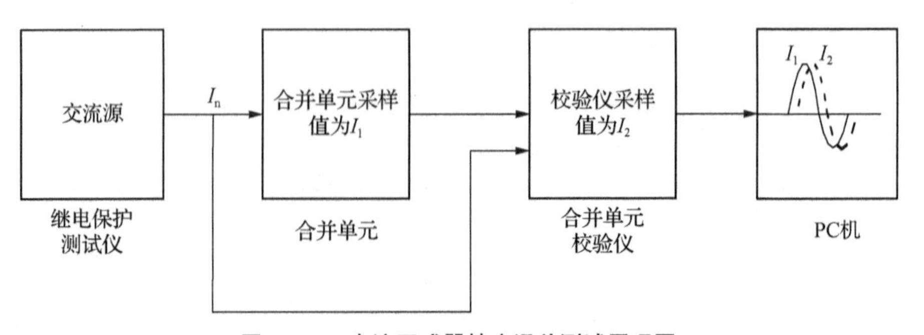

图 10－2 电流互感器精度误差测试原理图

2）技术要求

合并单元保护用电流互感器的准确级用5P标示，在GB/T 20840.8—2007中对暂态电流互感器的TPY级的精度要求如表10-3所示。

表10-3 误差限制

准确度	在额定一次电流时的比值误差(%)	在额定一次电流时的相位误差(′)
5TPY	±1	±60

根据Q/GDW 426—2010的要求，合并单元应通过GB/T 17626.8规定的5级试验要求，且在工频磁场试验过程中不能出现通信中断、波形畸变现象，精度指标要符合原要求。

10.2.2 电流互感器回路的工具与技术

1）概述

保护用电流互感器是智能变电站合并单元中的重要元器件，其精确性和可靠性对电力系统的安全稳定运行有重要的影响。由于合并单元就地化安装，因此变电站中电气设备易产生工频干扰，工频磁场产生的磁通叠加到合并单元交流采样回路产生感应电动势容易使合并单元精度产生误差，引起保护装置的误动、拒动作等问题。

目前，国内对变电站设备抗工频磁场做了一些研究。例如，有文献研究了特高压输电线工频磁场三维优化模型①；有文献对变电站电磁环境进行了仿真和分析②；有文献分析了工频磁场对电能表的影响，通过减小电能表电流采样闭合回路面积的方法可提高电能表的抗干扰能力③；有文献采用三维有限元方法建立仿真模型，分析了工频磁场对电磁继电器动态特性的影响④；有文献分析了外部恒定磁场对电流互感器传变特性的影响⑤。但有关智能变电站中工频磁场对合并单元影响的文献较少。

---

① 肖冬萍，何为，张占龙，等.特高压输电线工频磁场三维优化模型[J].中国电机工程学报，2009，29(12)：116-120.

② 杜志叶，阮江军，干喆渊，等.变电站内工频电磁场三维数值仿真研究[J].电网技术，2012，36(4)：229-235.

③ 谢永明，李英莲.工频磁场对单相电能表的影响[J].电测与仪表，2014，51(7)：14-17.

④ 杨文英，任万滨，翟国富，等.工频磁场对电磁继电器动态特性影响的三维有限元分析[J].电工技术学报，2011，26(1)：51-56.

⑤ 刘钢，付志红，侯兴哲，等.外部恒定磁场对电流互感器传变特性影响分析[J].电力自动化设备，2013，33(11)：100-104.

工频磁场对于电磁式电流互感器稳态特性的干扰是研究互感器电磁兼容性的一个重要内容。针对目前这种现状，笔者提出了一种新型的设计方案，增强了互感器的抗干扰能力，提高了合并单元互感器精度误差的稳定性。当合并单元互感器的误差不能满足要求时，可通过修改“mucfg. xml”文件中的比值系数、角度系数进行修正。

2）工频磁场对互感器的影响

以 500 kV 间隔合并单元为例，电流等级为 1000 A，保护用电流互感器额定二次电流为 1 A，对合并单元的保护电流进行试验。若合并单元配置文件初始比值系数为 1，则需要调整的比值系数为 $K_\varepsilon=1+\Delta I_\varepsilon$；若初始角度系数为 0，则需要调整的角度系数为 $\Delta\theta$。通过合并单元校验仪校准后的电流系数为 $K_\varepsilon=1.032$，$\Delta\theta=8$。合并单元校验仪校准后的保护电流初始精度误差如表 10－4 所示。

表 10－4　合并单元保护电流初始的比值误差和相位误差

量限	比值误差(%)	相位误差(′)
1000 A/1 A	0.09	5

在施加 1000 A、3 s 的工频磁场干扰时，合并单元的保护电流互感器比值误差超过 1%（如表 10－5 所示），不满足要求。

表 10－5　合并单元在工频磁场试验中的比值误差和相位误差

方向	比值误差(%)	相位误差(′)
x 轴	1.04	57
y 轴	1.15	58
z 轴	1.02	44

3）电流互感器等效模型

电流互感器的等效电路如图 10－3 所示，其中，初级线圈匝数为 N_1，次级线圈匝数为 N_2，I_1' 为一次侧换算到二次侧的电流，R_m 和 L_m 为励磁阻抗，R_2 与 L_2 分别为二次绕组和负载的电阻、电感。为了维持铁芯中的磁场，存在励磁电流 I_m。此时电流互感器的基本输入输出关系式为

$$K=\frac{N_2}{N_1} \tag{10-3}$$

$$I_1'=\frac{I_1}{K}=I_m+I_2 \tag{10-4}$$

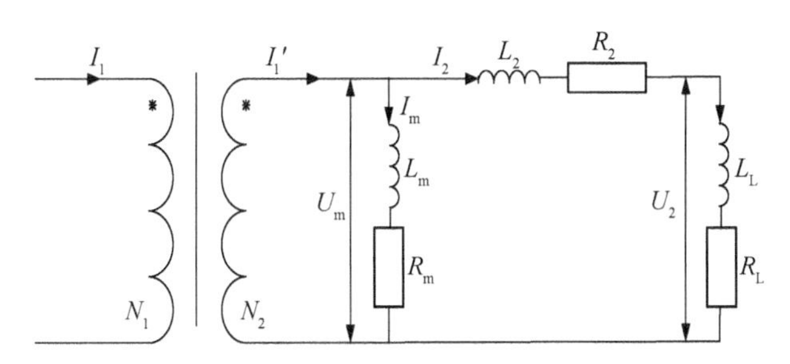

图 10-3　电流互感器等效电路原理图

4）装置结构设计

在装置结构设计中，交流模件的合理布局可以减少工频磁场干扰。如图 10-4 所示，在模件布局时，应将交流模件布局在 CPU 模件的两侧，且模拟量采集数据线尽可能短，以减少母板回路的面积 S_2。

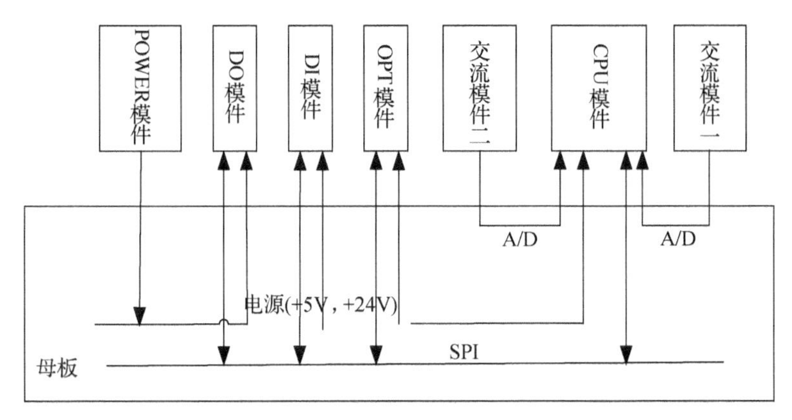

图 10-4　改进的装置模件布局示意图

合并单元从采集模拟信号到输出数字信号，整个采样过程包括互感器的模拟量转化、A/D 采样、报文同步处理、报文输出数字量等。由于每路互感器的特性存在离散性，当精度误差不能满足要求时，由需要修改合并单元配置文件中的比值系数进行修正。然而，报文在组织处理时需对比值系数 K_ε 进行计算，若 K_ε 过大，磁场感应的电流亦被放大。因此在校验时，为了减小系统误差，校准朝着“−0”方向，则 K_ε 变小，从而减小 K_ε 带来的系统误差。

5）PCB 布局设计

如图 10-5 所示，二次绕组和负载电阻构成闭合线圈。在工频磁场试验中闭合回路产生感应电流，在负载电阻两端的感应电动势为

$$e(t)=-N\frac{\mathrm{d}\Phi}{\mathrm{d}t}=-NS\frac{\mathrm{d}B}{\mathrm{d}t} \tag{10-5}$$

经过多次试验证明，在工频磁场试验中产生的感应电流叠加到采样回路上，干扰主要是图 10－5 所示交流模件中的采样回路面积 S_1、母板模件中的采样回路面积 S_2、CPU 模件中的采样回路面积 S_3 这三块面积组成的闭合回路中产生的感应电动势引起的。

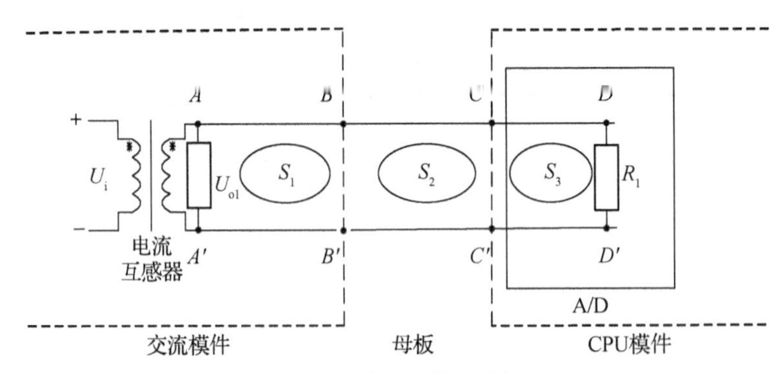

图 10－5　交流采样回路框图

在交流模件的 PCB 布线中，交流采样回路的二级输出线要尽可能短，其中 AB 和 $A'B'$ 越短，则 S_1 越小，总磁通越小，感应的电动势也越小。本节我们根据工频磁场产生的机理，在交流回路的 PCB 布局设计中减小交流回路面积，降低了干扰带来的误差。

10.2.3　电流互感器回路的输出

1）试验结果

通过改进交流采样回路的 PCB 布局，调整配置文件中的系数等，及对合并单元保护用电流互感器施加工频磁场（磁场强度为 1000 A/m，时间为 3 s），试验结果如表 10－6 所示。从表中可以发现，保护电流交流采样精度满足±1%的要求，验证了改进措施的有效性，并且能满足 5P 保护级的要求。

表 10－6　改进合并单元在工频磁场试验中的比值误差和相位误差

方向	比值误差(%)	相位误差(′)
x 轴	0.41	50
y 轴	0.34	36
z 轴	0.40	43

2）本节小结

为了减小工频磁场对合并单元保护电流互感器产生的影响，本节我们提出一种合并单元抗工频磁场干扰措施,即通过交流回路的 PCB 设计来抑制工频磁场对合并单元装置的影响。试验结果证明,该措施能满足保护用电流互感器 5P 级的要求以及 5 级工频磁场试验要求,为今后的保护用电流互感器抗干扰设计提供了参考依据。

第四篇

最优化设计

本篇仅有1章(第11章),主要介绍最优化设计的基础知识,并分析了开入回路在最坏情况下的设计方法以及积分回路中元器件参数的最优化设计方法。

11 最优化设计

11.1 最优化基础知识

11.1.1 概述

最优化方法是指在一定控制条件下使系统目标函数达到最小值或最大值的传统优化方法。其主要设计思想是设计人员常常提供多种候选方案，再从中选择相对的“最优”，可以有效地解决相关参数选择的问题。

按照目标函数的多少，最优化分为单目标优化和多目标优化。单目标优化的优化目标只有一个，多目标优化的优化目标有多个。

11.1.2 过程分析

硬件的最优化是衡量产品的极限，从一定角度讲，它也是体现设计者水平的要素之一。图 11－1 描述的是最优化过程中的输入、工具与技术和输出。

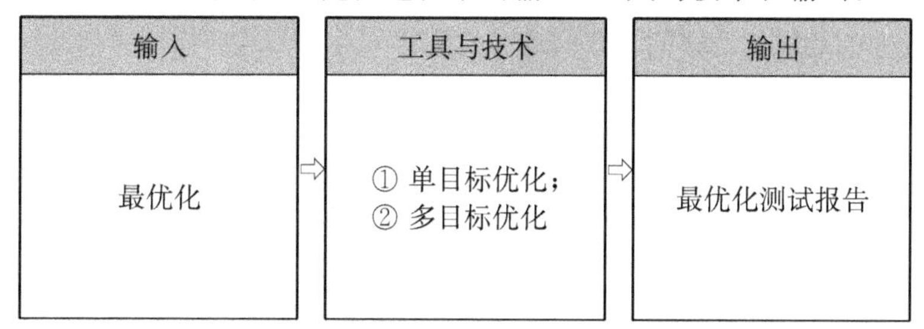

图 11－1　最优化过程中的输入、工具与技术和输出

(1) 输入：最优化需求，这里即为电子电路参数的选择；

(2) 工具与技术：通过分析技术和创新方法（包括单目标优化、多目标优化），满足设计需求；

(3) 输出：输出可交付成果，如最优化测试报告。

11.1.3 基础知识

1) 单目标优化

单目标优化是指在一定的条件下优化目标为最大或最小解的单一化问题。在科学与工程领域中，许多极值问题的求解往往受到各种现实因素的制约，这些制约通常由一系列约束条件来描述。求解带有约束条件的极值问题被称为约束优化问

题,具体可由下述一般形式的非线性规划来表示[1][2]:

$$\min f(\mathbf{X});\quad \text{s. t.} \begin{cases} h_i(\mathbf{X})\leqslant 0, & i=1,2,\cdots,k, \\ g_j(\mathbf{X})=0, & j=1,2,\cdots,m \end{cases} \tag{11-1}$$

其中,$\boldsymbol{X}=(x_1,x_2,\cdots,x_n)$是 n 维实向量,$f(\boldsymbol{X})$为目标函数,$h_i(\boldsymbol{X})$表示第 i 个不等式约束,$g_j(\boldsymbol{X})$表示第 j 个等式约束。

在电子电路设计中,常需要知道元器件误差引起的最大系统误差,其求解思路与方法可参照上述求解最小值的优化方法。

2) 多目标优化

一般说来,多目标优化问题在很多情况下就所有目标而言是彼此不可比较的,只能对这些目标进行协调和折中处理,使各个子目标都尽可能达到最优。

一般多目标优化问题可表述为[3][4]

$$\min y=F(\boldsymbol{x})=(f_1(\boldsymbol{x}),f_2(\boldsymbol{x}),\cdots,f_m(\boldsymbol{x}))^{\mathrm{T}};\quad \text{s. t.} \begin{cases} g_i(\boldsymbol{x})\leqslant 0, & i=1,2,\cdots,p, \\ h_j(\boldsymbol{x})=0, & j=1,2,\cdots,q \end{cases} \tag{11-2}$$

其中,$\boldsymbol{x}=(x_1,x_2,\cdots,x_n)\in X\subset\mathbf{R}^n$ 为 n 维决策向量,X 为 n 维决策空间;$g_i(\boldsymbol{x})\leqslant 0(i=1,2,\cdots,p)$定义了 p 个不等式约束条件;$h_j(\boldsymbol{x})=0(j=1,2,\cdots,q)$定义了 q 个等式约束条件。多目标优化问题的解是使向量 $F(\boldsymbol{x})$的各分量取得最小值的决策变量。

在多目标优化问题的基础上,给出以下几个重要定义。

定义 1(Pareto 占优) 假设 $\boldsymbol{x}_A,\boldsymbol{x}_B\in X_f$ 是式(11-2)所示多目标优化问题的两个可行解,$\boldsymbol{x}_A$ 优于 $\boldsymbol{x}_B$(表示为 $\boldsymbol{x}_A>\boldsymbol{x}_B$),即 $\boldsymbol{x}_A$ 是 Pareto 占优的,当且仅当满足如下条件:

$$\forall i=1,2,\cdots,m,f_i(\boldsymbol{x}_A)\leqslant f_i(\boldsymbol{x}_B)\wedge\exists j=1,2,\cdots,m,f_j(\boldsymbol{x}_A)<f_j(\boldsymbol{x}_B) \tag{11-3}$$

定义 2(Pareto 最优解) 一个解 $\boldsymbol{x}^*\in X_f$ 被称为非支配解或 Pareto 最优解,当且仅当

$$\neg\exists\boldsymbol{x}\in X_f:\boldsymbol{x}>\boldsymbol{x}^* \tag{11-4}$$

---

① 李春明. 优化方法[M]. 南京:东南大学出版社,2009.

② 龚纯,王正林. 精通 MATLAB 最优化计算[M]. 北京:电子工业出版社,2009.

③ 公茂果,焦李成,杨咚咚,等. 进化多目标优化算法研究[J]. 软件学报,2009,20(2):271-289.

④ 徐丽青. 基于改进粒子群算法的电力系统环境经济调度问题研究[D]. 西安理工大学硕士学位论文,2011.

定义 3(Pareto 最优解集) 对于给定的多目标优化问题的 $F(\boldsymbol{x})$，Pareto 最优解集定义如下：

$$P^* = \{\boldsymbol{x}^* \mid \neg \exists \boldsymbol{x} \in X_f : \boldsymbol{x} > \boldsymbol{x}^*\} \tag{11-5}$$

定义 4(Pareto 最优前沿) 对于给定的多目标优化问题，Pareto 最优解集 P^* 中的所有 Pareto 最优解组成的曲面称为 Pareto 最优前沿 PF^*，即

$$PF^* = \{F(\boldsymbol{x}^*) = (f_1(\boldsymbol{x}^*), f_2(\boldsymbol{x}^*), \cdots, f_m(\boldsymbol{x}^*))^{\mathrm{T}} \mid \boldsymbol{x}^* \in P^*\} \tag{11-6}$$

由以上概念可以看出，一个多目标优化问题的最优解 $\boldsymbol{x}^* \in X_f$ 属于决策向量空间，$y^* = PF^*$ 属于目标函数空间。如图 11-2 所示，A, B, C, D, E, F 均处在最优边界上，它们是非支配的，都是 Pareto 最优解；G, H, I, J, K, L 不在最优边界上，但落在搜索区域内，是被支配的，不是最优解。目前，多目标优化算法的主要工作是构造非支配解集，并使非支配解集不断逼近真正的 Pareto 最优前沿(图 11-2 中粗实线代表 Pareto 最优前沿)，最终达到最优。

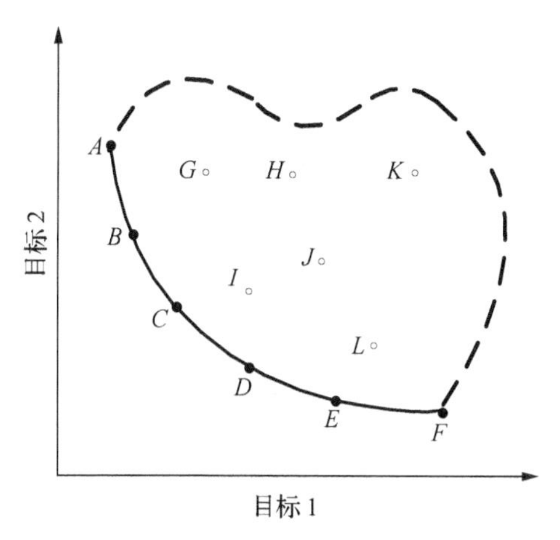

图 11-2 两个目标的最优前沿

在电子电路设计中，为了满足不同的功能，元器件参数的选择需要考虑多种条件，以满足不同的功能。这时可以考虑多目标优化的设计思想，对元器件的参数进行优化选择。

11.2 积分回路

11.2.1 积分回路的输入

1) 概述

与传统互感器相比，电子式电流互感器结构简单、体积小、重量轻、频带宽、无

铁芯，并且消除了磁饱和、铁磁谐振等问题，在智能变电站中得到一定的应用①。

积分回路主要用于采集电子式电流互感器输出的模拟小信号，并将信号还原给保护装置使用。由于积分回路输出的额定电压是 150 mV，因此积分回路的元器件参数的选择极其重要，其也是一个多目标优化问题。

2) 技术要求

国际电工委员会规定，对于不使用二次变换器，输出电压正比于电流导数的 ECT(例如空心线圈)，其标准额定值为 150 mV。国内对额定输出电压为 150 mV 的罗氏线圈电子式电流互感器已做了部分研究②~⑧。但在变电站中，罗氏线圈电子式电流互感器与二次设备传输 150 mV 小信号时，容易受到变电站中的电磁干扰。因此，为增强小信号在传输过程中的抗干扰能力，可采取的方式是提高罗氏线圈输出的额定电压。

本节我们研究的模拟积分器可将满足罗氏线圈输出额定电压为 4.6875 V 的信号转化为 150 mV 的小信号供保护装置使用。

11.2.2 积分回路的工具与技术

1) 概述

罗氏线圈的等效电路如图 11-3 所示，其中 L 为罗氏线圈的自感系数；R_0 为线圈内阻；C_0 为线圈的匝间电容；R_L 为负载；$e(t)$ 为线圈的感应电动势；$U_L(t)$ 为输出电压，且

$$U_L(t)=-\frac{MR_L}{R_0+R_L}\frac{dI(t)}{dt} \tag{11-7}$$

---

① 黄智宇，段雄英，张可畏，等. 电子式高压互感器数字接口的设计与实现[J]. 电力系统自动化，2005，29(11)：87-90.

② 邓发玉. 电子式电流互感器实用性研究与设计[D]. 西安电子科技大学硕士学位论文，2011.

③ 朱长银，冯亚东，刘国伟，等. 电子式电流互感器测量系统在串联补偿系统中的应用[J]. 电力系统自动化，2013，37(13)：132-134.

④ 王鸿杰，盛戈皞，刘亚东，等. 采用罗柯夫斯基线圈和 ARM+CPLD 总线复用系统的输电线路故障暂态电流采集方法[J]. 电力系统保护与控制，2011，39(19)：130-135.

⑤ 邵霞，彭红海，周有庆，等. 用于电流型电子式电压互感器的积分电路[J]. 电子学报，2014，42(2)：405-409.

⑥ 谢完成，戴瑜兴. 罗氏线圈电子式电流互感器的积分技术研究[J]. 电测与仪表，2011，48(5)：10-13.

⑦ 冯宇，王晓琪，吴士普，等. 电子式电流互感器谐波传变特性研究[J]. 电测与仪表，2013，50(9)：11-16.

⑧ 刘昭. 电子式电流互感器的特性及应用研究[D]. 华北电力大学硕士学位论文，2012.

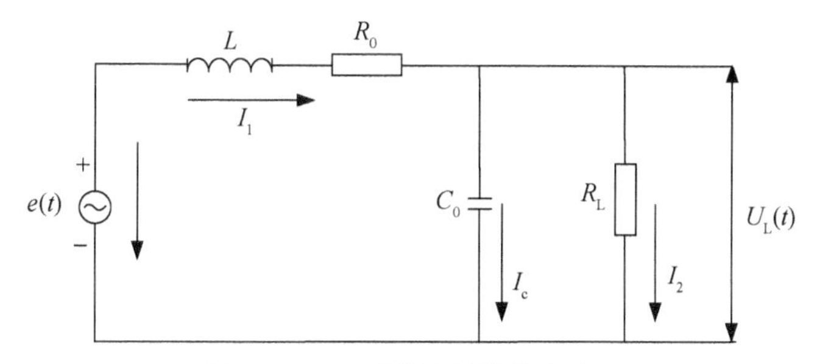

图 11 - 3 罗氏线圈的等效电路图

其中 M 为线圈的互感系数，$I(t)$为被测电流①。

从式(11 - 7)可以看出被测电流 $I(t)$与 $U_L(t)$是微分关系。由于保护装置需要实时采集模拟信号，因此需对信号进行积分以还原信号，供保护装置使用。电子式电流互感器输出的信号经 A/D 转化为数字信号后，通过 FPGA 采集，CPU 读取该信号，并将信号用于逻辑判断、保护、测控并在界面显示。

采用罗氏线圈电子式电流互感器输出额定电压为 4.6875 V 工频交流信号，易于提高罗氏线圈与积分器的抗干扰能力。

目前，常见 A/D 芯片的测量范围为－5～＋5 V、－10～＋10 V，根据上述要求，需将 0～4.6875 V 转换为 0～0.15 V 信号，才能满足保护用 $20I_N$ 的动态范围要求。

2) 原理图设计

(1) 电阻分压原理

本节采用电阻分压原理(如图 11 - 4 所示)，罗氏线圈输出电压信号，理论上被测电压 U_{i1}与小电压信号 U_{i2}呈比例关系(如式(11 - 8)所示)且相差为零。

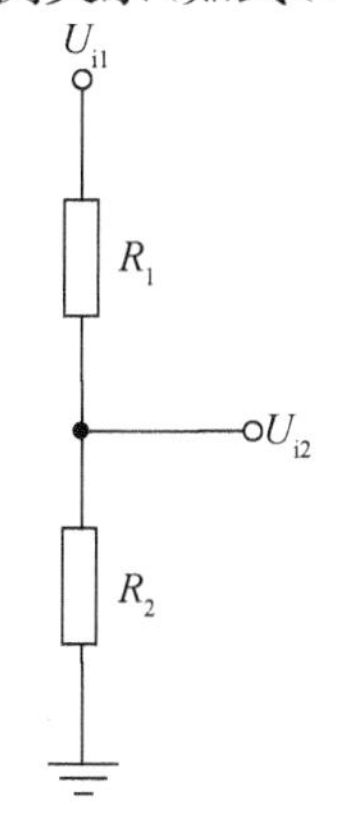

图 11 - 4 电阻分压原理图

① 朱超，蒋煜，梅军，等. Rogowski 线圈中积分环节的研究[J]. 电力自动化设备，2013，33(9)：64 - 67.

$$U_{i2}=\frac{R_2}{R_1+R_2}U_{i1} \tag{11-8}$$

(2) 电阻分压积分器设计

本节我们设计的罗氏线圈输出额定电压 $U_N=U_{i1}=4.6875$ V，输入阻抗 $R_1=3$ MΩ。电阻分压积分器主要由分压电路、差分电路、积分电路组成(如图 11-5 所示)。

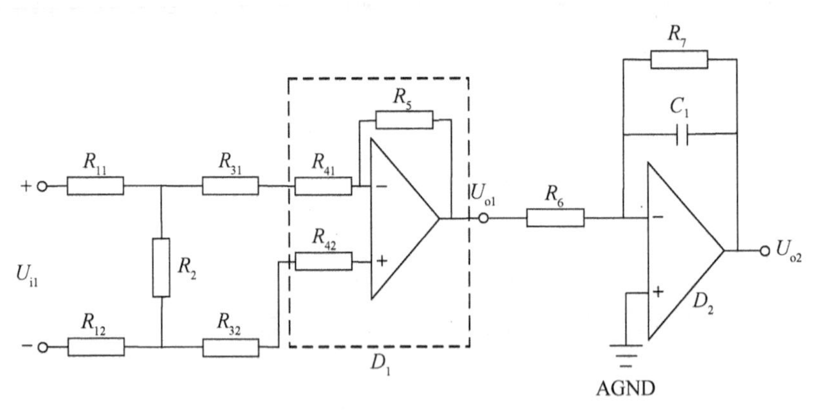

图 11-5　电阻分压积分器设计原理图

分压电路主要由 R_{11}，R_{12}，R_2 组成。由于电阻元器件本身性能特性决定了采样精度，这里采用高精密金属膜电阻，精度为±0.1%，温度系数为±10 ppm/℃，其线性度好，温度系数小，能保证精度要求。

差分电路主要由 D_1，R_{31}，R_{32}组成，其中差分运放 D_1 具有输入阻抗高、共模电压高、增益线性好、温度系数低、失调电压低等优点。

积分电路主要由 D_2，R_7，C_1 组成，其中积分运放 D_2 具有失调电压低、温度系数低等优点；R_7 的精度为±0.1%，温度系数为±10 ppm/℃；C_1 为高精度电容，精度为±5%，温度系数为±10 ppm/℃。

3) 仿真分析

(1) 输入阻抗特性分析

输入阻抗反映的是电阻分压积分器带负载能力，当电阻分压积分器的输入阻抗与罗氏线圈的输出阻抗相匹配时，能达到最佳效果。设罗氏线圈的输出阻抗为 $Z_0=3$ MΩ，电阻分压积分器的输入阻抗为 Z_1(如图 11-6 中虚线框所示)。图中，差分运放前端分压电阻 $R_{11}=R_{12}=1.5$ MΩ，$R_2=104$ kΩ，差分运放的差分阻抗 $R_{41}=R_{42}=1$ MΩ。

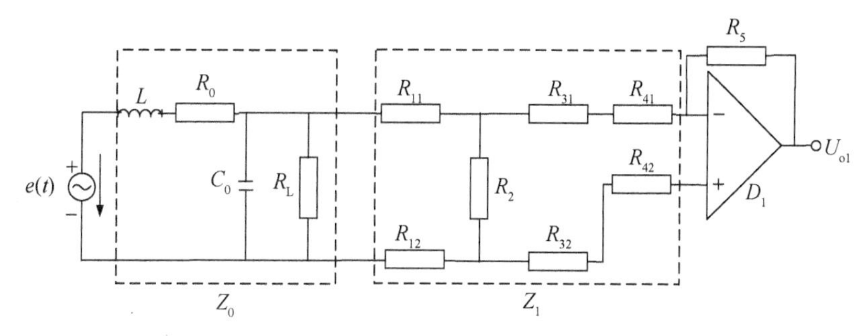

图 11-6　阻抗匹配示意图

电阻分压积分器的输入阻抗 Z_1 的计算公式为

$$Z_1=R_{11}+R_{12}+R_2||(R_{31}+R_{41}+R_{32}+R_{42}) \tag{11-9}$$

由于 Z_1 非常大，并且需要考虑差分运放 D_1 的内部差分阻抗 R_{41} 和 R_{42}，为实现电阻分压回路与差分回路的阻抗匹配，在设计阻抗匹配时需满足下式：

$$R_2||(R_{31}+R_{32}+R_{41}+R_{42})\approx R_2||(R_{41}+R_{42}) \tag{11-10}$$

式中，$R_{41}\gg R_{31}$，$R_{42}\gg R_{32}$。

（2）幅频特性分析

电阻分压积分器的等效电路如图 11-7 所示，其中 $R_1=R_{11}+R_{12}$，$R_3=R_{31}+R_{41}+R_{32}+R_{42}$。

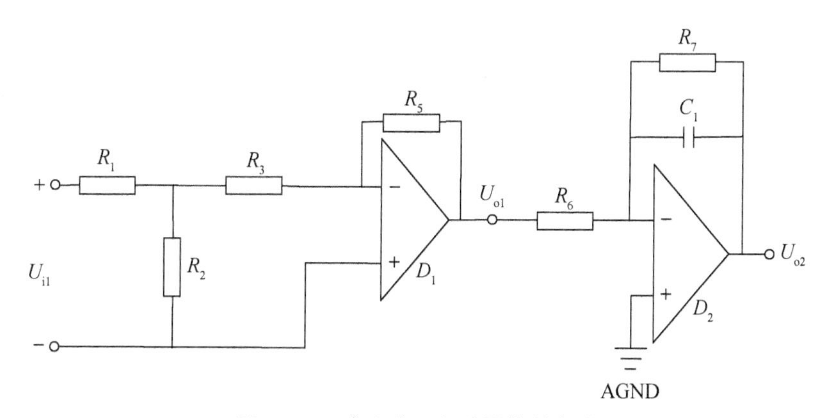

图 11-7　电阻分压积分器等效电路

电阻分压积分器的传递函数为

$$H(s)=\frac{U_{o2}(s)}{U_{o1}(s)}\cdot\frac{U_{o1}(s)}{U_{i1}(s)}=\frac{a_0}{b_0+b_1 s} \tag{11-11}$$

式中，$a_0=\dfrac{R_2R_3R_7}{R_6}$，$b_0=R_1R_2+R_1R_3+R_2R_3$，$b_1=R_7C_1(R_1R_2+R_1R_3+R_2R_3)$。

对电阻分压积分回路模型进行频域分析，即将 $s=j\omega$ 带入式(11-11)得频域

特性公式,再由此公式得幅频公式、相频公式分别为

$$A=|H(j\omega)|=\sqrt{\frac{a_0^2}{b_0^2+(b_1\omega)^2}} \tag{11-12}$$

$$\varphi=\angle H(j\omega)=-\arctan\left(\frac{b_1\omega}{b_0}\right) \tag{11-13}$$

对电阻分压积分器进行仿真验证,其幅频特性和相频特性如图 11-8 所示。

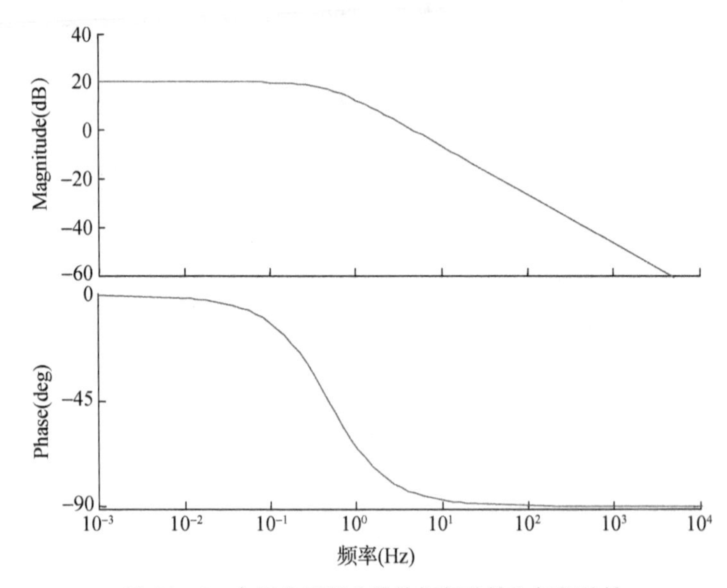

图 11-8　电阻分压积分器的幅频特性和相频特性

从图 11-8 中可以看出,在工频信号时相位为−90°,能满足设计的要求。设 $R_6=31.8\ \text{k}\Omega$,$R_7=40\ \text{M}\Omega$,$C_1=0.1\ \mu\text{F}$,各次谐波的相位及相位误差如表 11-1 所示。

表 11-1　各谐波的相位及相位误差

谐波	相位(°)	相位误差(°)
基波	−89.9544	0.0456
二次谐波	−89.9772	0.0228
三次谐波	−89.9848	0.0152
四次谐波	−89.9886	0.0114
五次谐波	−89.9909	0.0091
六次谐波	−89.9924	0.0076

从表 11-1 可以看出,在工频时相位误差最大,但其随着频率的增加而减小,

符合模拟积分器的特性。

(3) 最大系统误差分析

积分回路的参数选择非常重要。由于 R 和 C 在高温、低温下均有变化，因此需要考虑二阶滤波回路中 R 和 C 的参数选择。

首先，计算图 11－5 中积分器的幅频特性，公式如下：

$$A=|H(j\omega)|=\frac{R_7}{R_6}\sqrt{\frac{1}{1+(R_7C_1)^2\omega^2}}\approx\left|\frac{1}{R_6C_1\omega}\right| \quad \left(\omega\gg\frac{1}{R_7C_1}\right) \tag{11-14}$$

$$\varphi=\angle H(j\omega)=-\arctan(R_7C_1)\omega \tag{11-15}$$

由于元器件本身的误差对积分精度产生影响，下面需求幅值、角度的偏移最大误差（图 11－5 中 R_6 和 R_7 的误差为±0.1%，C_1 的误差为±5%），有

$$\Delta A=\frac{\partial A}{\partial R_6}\Delta R_6+\frac{\partial A}{\partial R_7}\Delta R_7+\frac{\partial A}{\partial C_1}\Delta C_1 \tag{11-16}$$

$$\Delta\varphi=\frac{\partial\varphi}{\partial R_6}\Delta R_6+\frac{\partial\varphi}{\partial R_7}\Delta R_7+\frac{\partial\varphi}{\partial C_1}\Delta C_1 \tag{11-17}$$

对式(11－16)和式(11－17)进行分析，当偏导数和参数误差的符号均一致时整体误差将取到最大值，即

$$\Delta A_{\max}=\left|\frac{\partial A}{\partial R_6}\Delta R_6\right|+\left|\frac{\partial A}{\partial R_7}\Delta R_7\right|+\left|\frac{\partial A}{\partial C_1}\Delta C_1\right| \tag{14-18}$$

$$\Delta\varphi_{\max}=\left|\frac{\partial\varphi}{\partial R_6}\Delta R_6\right|+\left|\frac{\partial\varphi}{\partial R_7}\Delta R_7\right|+\left|\frac{\partial\varphi}{\partial C_1}\Delta C_1\right| \tag{11-19}$$

令

$$f=\frac{R_7^2}{R_6^2(1+R_7^2C_1^2\omega^2)} \tag{11-20}$$

则

$$A=f^{\frac{1}{2}} \tag{11-21}$$

$$\Delta A=\frac{\partial A}{\partial f}\left(\frac{\partial f}{\partial R_6}\Delta R_6+\frac{\partial f}{\partial R_7}\Delta R_7+\frac{\partial f}{\partial C_1}\Delta C_1\right) \tag{11-22}$$

$$\Delta A_{\max}=\left|\frac{\partial A}{\partial f}\right|\left(\left|\frac{\partial f}{\partial R_6}\right||\Delta R_6|+\left|\frac{\partial f}{\partial R_7}\right||\Delta R_7|+\left|\frac{\partial f}{\partial C_1}\right||\Delta C_1|\right) \tag{11-23}$$

式(11－23)中的各项如下列公式所示：

$$\frac{\partial A}{\partial f}=\frac{1}{2}f^{-\frac{1}{2}}=\frac{1}{2}\cdot\left(\frac{R_7^2}{R_6^2(1+R_7^2C_1^2\omega^2)}\right)^{-\frac{1}{2}} \tag{11-24}$$

$$\frac{\partial f}{\partial R_6}=\frac{-2R_7^2}{R_6^3(1+R_7^2C_1^2\omega^2)} \tag{11-25}$$

$$\frac{\partial f}{\partial R_7}=\frac{2R_7}{R_6^2(1+R_7^2C_1^2\omega^2)}-\frac{2R_7^3C_1^2\omega^2}{R_6^2(1+R_7^2C_1^2\omega^2)^2} \tag{11-26}$$

$$\frac{\partial f}{\partial C_1}=\frac{-2R_7^4C_1\omega^2}{R_6^2\ (1+R_7^2C_1^2\omega^2)^2} \tag{11-27}$$

(4) 相位差分析

令

$$h=-(R_7C_1)\omega \tag{11-28}$$

则

$$\varphi=\arctan h \tag{11-29}$$

$$\Delta\varphi=\frac{\partial\varphi}{\partial h}\left(\frac{\partial h}{\partial R_7}\Delta R_7+\frac{\partial h}{\partial C_1}\Delta C_1\right) \tag{11-30}$$

$$\Delta\varphi_{\max}=\left|\frac{\partial\varphi}{\partial h}\right|\left(\left|\frac{\partial h}{\partial R_7}\right|\left|\Delta R_7\right|+\left|\frac{\partial h}{\partial C_1}\right|\left|\Delta C_1\right|\right) \tag{11-31}$$

式(11-31)中的各项如下列公式所示：

$$\frac{\partial\varphi}{\partial h}=\frac{1}{1+h^2}=\frac{1}{1+(R_7C_1\omega)^2} \tag{11-32}$$

$$\frac{\partial h}{\partial R_7}=-C_1\omega \tag{11-33}$$

$$\frac{\partial h}{\partial C_1}=-R_7\omega \tag{11-34}$$

根据以上公式，编写 M 文件程序如下：

```
1.  pi=3.1415926;
2.  R6=30*10^3;
3.  R7=3*10^6;
4.  C1=0.1*10^-6;
5.  delta_R6=0.001*R6;
6.  delta_R7=0.001*R7;
7.  delta_C1=0.05*C1;
8.  N=6;
9.  for i=1:N
10.    w(i)=2*pi*i*50;
11. end
12. for i=1:N
13.    delta_AmR6(i)=delta_R6*( -2*R7^2/(R6^3*(1+R7^2*C1^2*w(i)^2)) );
14.    delta_AmR7(i)=delta_R7*( 2*R7/(R6^2*(1+R7^2*C1^2*w(i)^2))
           - 2*R7^3*C1^2*w(i)^2/(R6^2*(1+R7^2*C1^2*w(i)^2)^2) );
15.    delta_AmC1(i)=delta_C1*( -2*R7^4*C1*w(i)^2/(R6^2*(1+R7^2*C1^2*w(i)^2)^2) );
16.    delta_Am1(i)=abs(delta_AmR6(i))+abs(delta_AmR7(i))+abs(delta_AmC1(i));
17.    delta_Am2(i)=0.5*( ( R7^2/(R6^2*(1+R7^2*C1^2*w(i)^2)) )^(-0.5) );
```

```
18.     delta_Am(i)=delta_Am1(i) * delta_Am2(i);
19.   end
20.   for i=1:N
21.     delta_AngR7(i)=-delta_R7 * C1 * w(i);
22.     delta_AngC1(i)=-delta_C1 * R7 * w(i);
23.     delta_Ang1(i)=abs(delta_AngR7(i))+abs(delta_AngC1(i));
24.     delta_Ang2(i)=1/(1+(R7 * C1 * w(i))^2);
25.     delta_Ang(i)=180/pi * atan( delta_Ang1(i) * delta_Ang2(i) );
26.   end
```

运行以上程序，可以得出1～6次谐波的幅值增益、相位偏移的最大误差(如表11-2所示)。

表11-2 不同谐波下幅值增益、相位偏移的最大误差

谐波	幅值增益的最大误差(%)	相位偏移的最大误差(°)
基波	0.0406	0.0029
二次谐波	0.0203	0.0015
三次谐波	0.0135	0.0010
四次谐波	0.0101	0.0007
五次谐波	0.0081	0.0006
六次谐波	0.0068	0.0005

11.2.3 积分回路的输出

1) 试验结果

根据上述设计方案，当施加额定电压为4.6875 V，输入电压在20%～2000%范围变化时，通过电阻分压积分器还原。试验温度在−40～+70 ℃范围内，小信号比值误差和相位误差分别如表11-3和表11-4所示。

表11-3 温度影响幅值测试结果

输入电压百分比(%)	−40℃比值误差(%)	0℃比值误差(%)	+70℃比值误差(%)
20	−0.91	0.93	0.92
40	−0.87	−0.98	0.59
60	0.47	0.59	0.64
80	−0.39	0.63	−0.41

续表 11-3

输入电压百分比（%）	-40℃比值误差（%）	0℃比值误差（%）	+70℃比值误差（%）
100	0.48	0.48	0.59
120	0.47	0.83	-0.48
1000	0.44	0.59	-0.62
2000	0.52	0.67	0.70

表 11-4　温度影响相位测试结果

输入电压百分比（%）	-40℃相位误差（′）	0℃相位误差（′）	+70℃相位误差（′）
20	-58	49	56
40	-53	50	-49
60	47	49	-48
80	-30	48	40
100	24	-53	39
120	-37	54	48
1000	-31	38	31
2000	42	28	-32

从表 11-3 和表 11-4 中可以看出：保护用电子式电流互感器的电阻分压积分器在-40～+70 ℃范围内，系统比值误差在±1%以内，相位误差在±1°以内。

2）本节小结

为了提高电子式电流互感器与保护装置在变电站中传输小信号的可靠性，本节我们提出一种保护用电阻分压积分器，与高输出电压、高输出阻抗的电子式电流互感器实现接口，并采用差分运放电阻分压回路将电子式电流互感器输出额定电压为 4.6875 V 的信号转化为保护装置可用的 150 mV 小信号，再通过模拟积分器还原小信号。为了保证采样的积分还原信号的采样精度，选取线性度、温度特性好的精密电阻、电容，并采用高阻抗集成运放、低失调电压积分运放。试验结果证明，采样精度能满足 5P 的要求，且具有的良好温度特性，装置也具有较强的实用性。

11.3 开入回路

11.3.1 开入回路的输入

1）概述

开入回路中电阻、电容、稳压管的误差超过某一范围时，常存在开入回路误开入情况。采用最坏情况分析的方法进行优化，可提高开入回路的可靠性。而所谓最坏情况，是指电路中各器件在某一范围变化时对电路可能产生的最大影响。

2）技术要求

根据电力行业标准，此类强电开入回路启动电压值应介于55%～70%额定电压值。

11.3.2 开入回路的工具与技术

1）概述

开入回路是智能变电站中继电保护装置硬件重要组成部分①，随着保护装置开入回路需求量增多，常出现开入失效等问题，造成保护装置误判、误动，影响到智能变电站的安全可靠运行。有文献针对光隔开入引起误动原因进行了外部接线分析，并提出了开入量分类及不同分类测试方案②；有文献针对开关量输入二次回路提出在线状态检测方案③；有文献对继电保护测试用的开入回路进行了简单仿真研究④；有文献研究了基于 FPGA 控制的开关量输入模块设计问题⑤。同时，国内已有相关人员进行了开入回路设计方面的研究⑥～⑧，但这些研究多表现为工程现场案例的研究，较少针对开入回路实现机理及元器件参数影响方面。这里，我们通过 Multisim 软件建立开入回路仿真模型，重点分析了开入回路关键元器件取值特

---

① 常风然，高艳萍. 微机保护开入量回路的有关问题分析[J]. 电力自动化设备，2008，28(2)：113 - 115.

② 宋小舟，王柳，智全中. 继电保护装置光隔开入测试方法的研究[J]. 电网技术，2010，34(6)：44 - 47.

③ 叶远波，孙月琴，黄太贵，等. 继电保护相关二次回路的在线状态检测技术[J]. 电力系统自动化，2014，38(23)：108 - 113.

④ 程利甫. 继电保护测试用功率放大子系统设计及其实现[D]. 华中科技大学硕士学位论文，2013.

⑤ 王绪利，郑波祥，张梅. 基于 FPGA 的开关量输入模块设计[J]. 计算机测量与控制，2012，20(9)：2494 - 2496.

⑥ 宋小欣，彭淑明，戴斌. 光耦误动原因分析及解决办法[J]. 江西电力，2008，32(6)：10 - 12.

⑦ 赵康伟. 继电保护装置采用光隔开入引起误动的思考[J]. 华北电力技术，2005，8：38 - 39.

⑧ 丁晓兵，赵曼勇，皮显松，等. 防止交流串入直流导致母线保护误动的措施[J]. 电力系统保护与控制，2008，36(22)：97 - 99.

性，分析其对信号传输的影响，并提出实用性改进建议。

在保护装置试验中，输入电压小于55%额定值时，开入回路不能动作；输入电压大于70%额定值时，开入回路必须动作。应用中发现，额定值220 V电路输入电压55%额定值时，光耦输出侧逻辑电平可能为“1”。由于保护装置采集的开入量信号出现异常，造成后续运算逻辑误判。

2）仿真模型

在Multisim仿真环境中构建开入回路模型（如图11-9所示），该设计电路中各器件的额定参数取值如下：$U_i=220$ V，$R_1=R_2=20$ kΩ，$R_3=1$ MΩ，D_2的稳压值为120 V。

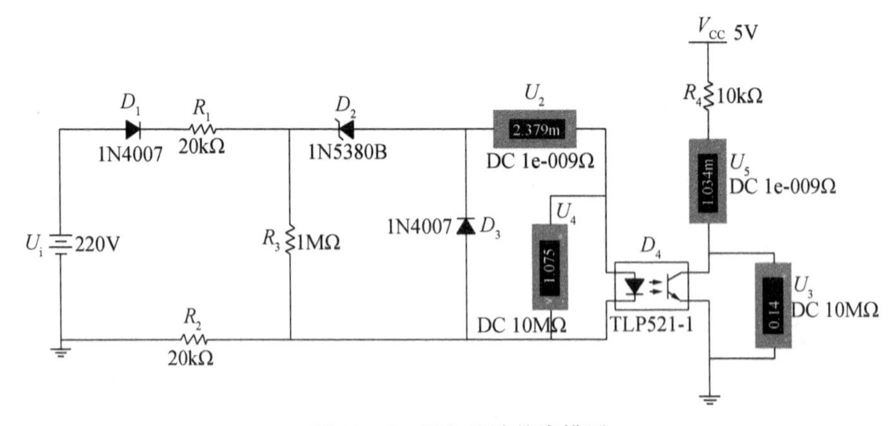

图11-9　开入回路仿真模型

以图11-9中光耦输出电压U_5作为观测对象，计算公式为

$$U_5=5-\text{CTR}\times I_F R_4 \tag{11-35}$$

式中，I_F为光耦驱动电流，CTR为光耦电流传输比。

光耦驱动电流计算公式为

$$\begin{aligned}I_F&=I_1-I_2-I_L\\&=\frac{U_i-U_Z-U_F}{R_1+R_2}-\frac{U_Z+U_F}{R_3}-I_L\end{aligned} \tag{11-36}$$

式中，I_F为光耦驱动电流，I_1为R_1和R_2通过电流，I_2为R_3通过电流，I_L为D_3漏电流，U_Z为D_2稳压值，U_F为D_4光耦的发光二极管正向导通电压。

设计中所选用的光耦型号是TLP627，光耦电路示意图如图11-10所示。该光耦为达林顿光耦，CTR变化范围很大，驱动电流1 mA时典型值为4000(%)，最小值为1000(%)。

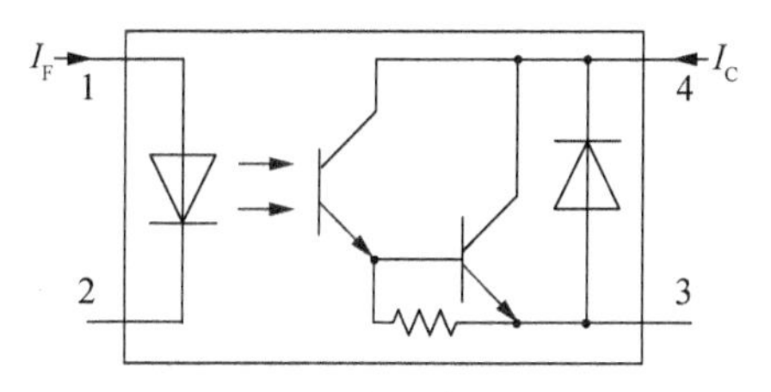

图 11-10 光耦电路示意图

该设计中光耦输出侧接 10 kΩ 上拉电阻 R_4，副边电流最大为

$$I_C = \frac{(5-0.3)\text{V}}{10\ \text{k}\Omega} = 0.47\ \text{mA} \tag{11-37}$$

式中，0.3 V 为光耦输出端最小压降。

3）直流扫描分析

使用 Multisim 软件的 DC Sweep 分析功能，设定输入电压在 120～160 V 范围内变化，仿真输出结果如图 11-11 所示（横轴为输入电压，纵轴为输出电压）。从图中数据可以看出，额定 220 V 回路 55%和 70%工作点输出符合设计预期。

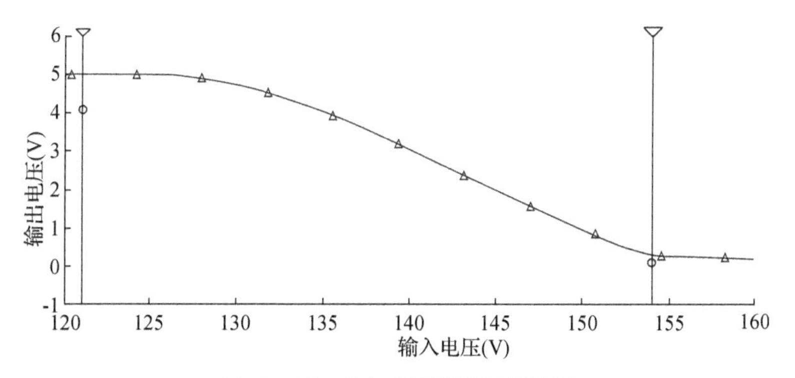

图 11-11 输入电压直流扫描结果

4）55%额定值输入时最坏情况分析

观测 55%额定值输入时，是否存在由于电阻阻值、稳压管稳压值及光耦 CTR 等离散性导致输出电压过低，进而出现 CPU 误判的情况。

Multisim 可以对该电路进行一定程度的 Worst Case 仿真，但其仿真参数模型对于稳压管稳压值、光耦 CTR 没有偏差设定，仅可针对电阻、电容器件进行偏差仿真。因此，我们一般使用其进行光耦前端仿真，然后人工配合进行计算。电路设计中电阻使用常规±5%偏差电阻，稳压管稳压值偏差为±5%。55%最坏情况仿真时器件参数变化可参考表 11-5。

表 11-5　55%额定电压最坏情况下元器件参数变化情况

代号	额定值	误差	变化
R_1	20 kΩ	−5%	↓
R_2	20 kΩ	−5%	↓
R_3	1 MΩ	+5%	↑
D_2	120 V	−5%	↓
D_4	1.15 V	−21.7%	↓

将表 11-5 中的数据代入公式(11-32)和(11-33)，计算得出光耦输入端驱动电流为 51 μA。如果光耦此时 CTR 达到 449，输出电压不到 2.6 V 可使得施密特触发器电平翻转。结合 TLP627 光耦参数典型值(4000，1 mA)，误判的确可能出现。

针对该问题，可将分流电阻 1 MΩ 改为 680 kΩ，重新计算可得此时光耦驱动电流为 0。

5）70%额定值输入时最坏情况分析

观测 70%额定值输入时，是否存在最坏情况使得光耦驱动电流过小导致光耦输出电压过高，进而出现 CPU 误判的情况。

参考 55%额定值输入时的最坏情况，70%额定值输入时器件参数变化方向与之相反(见表 11-6)。此时，需增加计算光耦保护二极管 D_3 漏电流参数。

将相关数据代入公式(11-32)和(11-33)，计算得出光耦驱动电流为 428 μA，可以确定输出不会误判。

表 11-6　70%额定电压最坏情况下元器件参数变化情况

代号	额定值	误差	变化
R_1	20 kΩ	+5%	↑
R_2	20 kΩ	+5%	↑
R_3	1 MΩ	−5%	↓
D_2	120 V	+5%	↑
D_4	1.15 V	+13%	↑

11.3.3　开入回路的输出

1）试验结果

为验证仿真分析正确性，对 220 V 故障开入回路进行替换试验。实际测试发现，由于稳压管稳压值存在超过−5%偏差情况，原设计在稳压值较小时可能出现开入误判，修改电路设计后开入不再误判；计算修改前后的回路功耗，可以看出两个回路变化不大，但修改后的电路对于电阻、稳压管以及光耦器件的离散性偏差有了足够的冗余设计，保证开入回路各种情况下的可靠性。

2）本节小结

开入回路对保护装置的开关信号采集起着重要作用。本节我们通过分析开入回路的工作原理，采用 Multisim 软件进行开入回路仿真，并在缺乏仿真模型的情况下结合人工计算，确认了元器件参数对开入回路的最坏情况影响，再通过改进器件参数，提高了光耦开入回路的工作可靠性。

第五篇

一致性设计

本篇仅有1章(第12章),主要介绍一致性设计的基础知识,建立连接器接触阻抗仿真模型,分析了一致性检查的设计方法。

12　一致性设计

12.1　一致性基础知识

12.1.1　简介

所谓交检装置，是指通过检测机构认证并留样的装置；所谓出厂装置，是指按照交检装置生产、用于投入现场运行的装置。在出厂装置批量生产时，需要保证出厂装置与交检装置在硬件、软件上的一致性。

12.1.2　过程分析

硬件的一致性不仅保证了出厂产品的质量，也提高了用户对产品的认可度。图12-1描述的是一致性过程中的输入、工具与技术和输出。

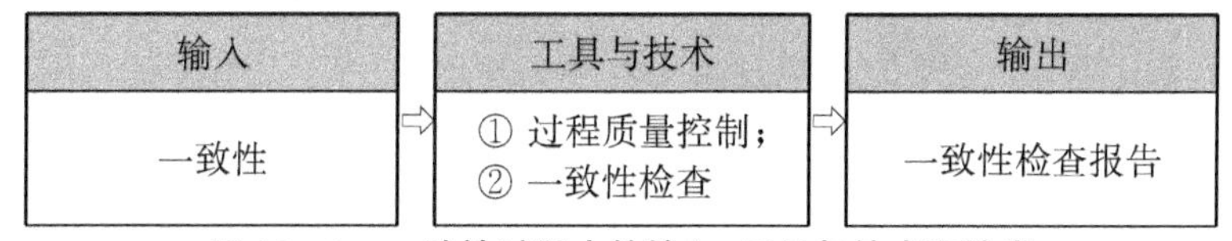

图12-1　一致性过程中的输入、工具与技术和输出

(1) 输入：最优化需求，这里即为电子电路参数的选择；

(2) 工具与技术：通过分析技术和创新方法（包括过程质量控制、一致性检查），满足设计需求；

(3) 输出：输出可交付成果，如一致性检查报告。

12.1.3　基础知识

在研发、生产管理过程中，虽然对各设计阶段和环节进行了划分，但为了保证硬件出厂装置的一致性，还需对出厂装置进行一致性检查，以减少非一致性成本。

1) 非一致性的影响

质量成本包括一致性成本和非一致性成本，其中一致性成本包括培训、测试、检查等，非一致性成本包括返工、废品、保修、业务流失等。出厂装置的非一致性会造成质量成本的提高。

2) 过程质量控制

质量控制是质量管理的重要组成部分，而过程质量控制是指根据质量要求设定标准、测量结果、判定是否达到了预期要求及对质量问题采取措施进行补救并防止问题再次发生的过程，确保生产出来的产品能满足客户的要求。

3）过程质量控制模型

为了保证出厂装置与交检装置的一致性，采用过程质量控制模型。如图 12－2 所示，交检装置在研发、生产过程中，对单模件进行一致性检查并得到反馈，同时对出厂装置进行一致性检查并得到反馈，从而形成一个有效的、可控的管理机制，保证了版本的一致性，并且减少返工、降低成本、提高生产率，提升了客户满意度。

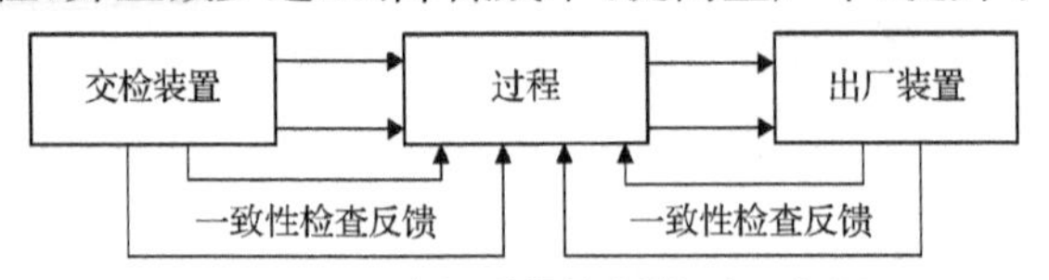

图 12－2 过程质量控制模型示意图

4）过程质量控制流程

产品质量是设计、生产、控制出来的（如图 12－3 所示）。首先，在产品设计阶段要树立“开发质量高于生产质量”的观念，在设计时就要充分考虑生产的可制造性，能否保证产品的可靠性；其次，在生产阶段要严格控制产品物料的一致性；最后，在控制阶段要及时发现问题，解决问题，避免造成不必要的经济损失。

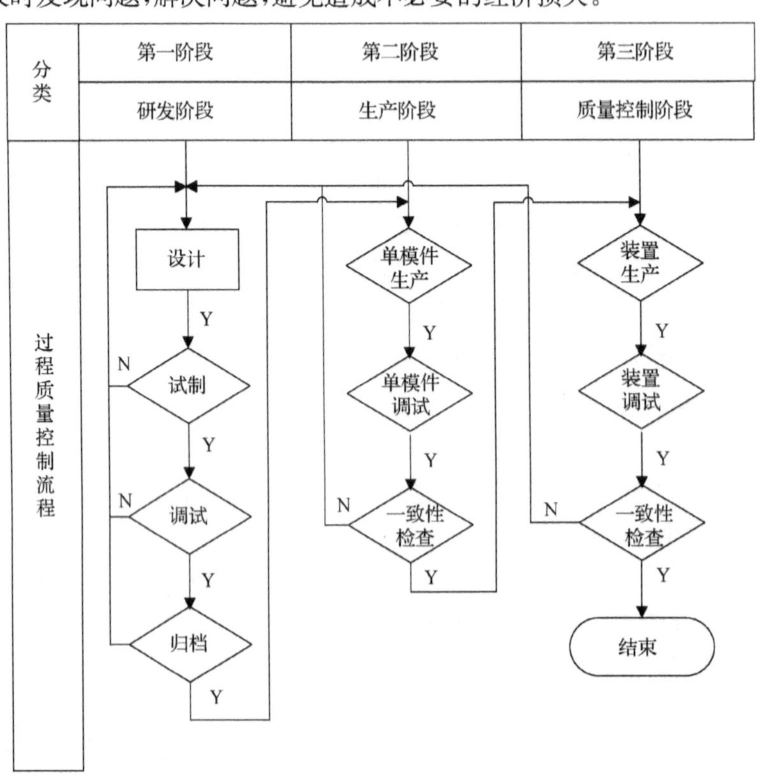

图 12－3 过程质量控制框图

5）一致性检查

出厂装置一致性说明书包括电源模件一致性说明书、开入模件一致性说明书、开出模件一致性说明书、交流模件一致性说明书、面板模件一致性说明书、母板模件一致性说明书、HMI模件一致性说明书、CPU模件一致性说明书等(如图12－4所示)。

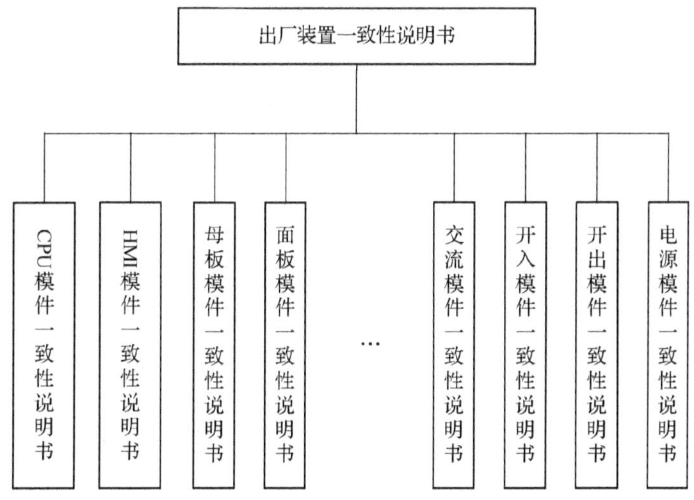

图12－4　出厂装置一致性说明书组成框图

单模件一致性说明书的一致性检查的流程图如图12－5所示，其中：

(1) PCB版本检查：确认PCB印制板型号、日期是否一致。

(2) 关键元器件检查：核查CPU、FPGA、SDRAM、互感器等关键元器件的厂家、型号是否一致。

(3) 工艺检查：确认PCB板不翘曲，直插元器件无歪斜，管脚无堆锡；PCB双面无污渍，模件母板侧输出端子插针之间无污垢。

(4) 结构检查：确认印制板和小面板之间的螺丝紧固可靠，无滑丝；紧固螺钉的型号、规格均按图纸选用并安装到位、紧固可靠，无滑丝；小面板侧边有完整导电弹片，且弹片长度适中，无断裂，不松动。

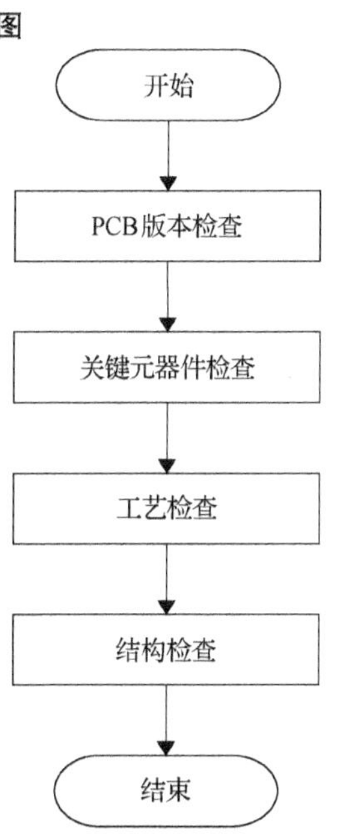

图12－5　一致性检查流程图

产品质量重在过程控制，控制了过程就控制了结果。因此在过程质量控制中，应不定期对出厂装置进行一致性检查，形成一个有效的、可控的管理机制，既可保证出厂装置和交检装置版本的一致性，提高产品质量，又可降低不一致性成本。

12.2 连接器

12.2.1 连接器的输入

1）概述

交流模件主要包括互感器回路，CPU模件主要包括RC滤波回路、A/D采样回路。母板模件作为连接交流模件与CPU模件的桥梁，常通过端子A，B与各模件之间连接构成电气回路（如图12-6所示）。在母板模件框图中的小虚线框为母板端子插头与单模件端子插座之间的接触阻抗，在理想状态下其接触阻抗为零。

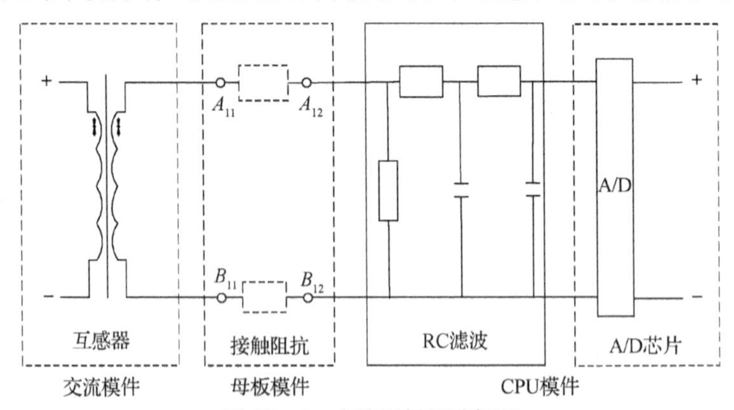

图12-6　交流采样回路框图

2）技术要求

交流采样回路通常由交流模件、母板模件、CPU模件三种模件组成。三种模件的连接器端子通常选用多针HARTING端子（如96针），分插座和插头两种（如图12-7所示）。连接器端子连接的好坏会直接影响到信号质量。

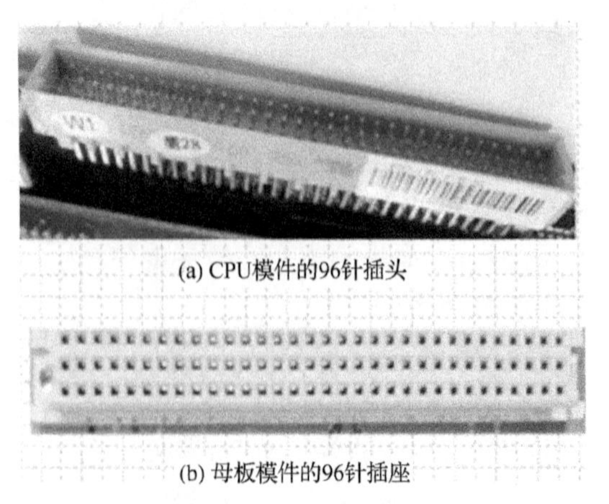

(a) CPU模件的96针插头

(b) 母板模件的96针插座

图12-7　连接器端子

在试验中发现，当交流模件、CPU 模件与母板模件存在接触不良时，常造成保护、测控等装置采集的模拟电压值幅值变小。因此需对出厂装置进行检查，以降低连接器的失效率，确保连接器的一致性，从而保证出厂装置的合格率。

12.2.2 连接器的工具与技术

1）概述

在智能变电站二次设备领域，大量的保护、测控、稳控、过程层装置的结构广泛采用背板式即插即用模件，连接器大量使用在单模件上（如交流模件、CPU 模件、通信模件等），母板模件则带有连接器插座，并作为所有模件的连接桥梁。因此连接器的好坏直接影响到各模件之间的信号传输质量[①]。

连接器作为信号传输的纽带，对装置的可靠运行起关键作用。有文献根据接触表面的特性，研究了高频特性及其在通信传输线路中的影响[②]；有文献研究了镀金接触材料表面出现微孔对电接触性能的影响[③]；有文献设计了一种高速传输信号连接器，可抑制相邻接触插件间的干扰[④]；有文献提出 USB 3.0 端子之间设置电容效应来调整特性阻抗的方法[⑤]；有文献提出了射频同轴插接器的高频接触阻抗模型，并研究它对高速信号传输的影响[⑥]；有文献提出一种基于应变能密度的分析和优化方法，通过对此方法进行优化设计，增强了结构性能[⑦]。

同时，国内已有相关人员进行了连接器设计改进方面的研究[⑧~⑩]，但较少针

---

① 周小波，汪思满，吴正学，等. 环网分布式母线保护装置就地化实现探讨[J]. 电力系统保护与控制，2015，43(6)：104－108.

② 李雪清. 接触表面污染对信号传输的影响[D]. 北京邮电大学博士学位论文，2009.

③ 李雪清，章继高. 镀金表面微孔腐蚀的电接触特点[J]. 电工技术学报，2004，19(9)：51－56.

④ 汪静，何建锋. 高速传输信号连接器的设计与性能分析[J]. 遥测遥控，2010，31(4)：41－44.

⑤ 宣万立，金烨. USB 3.0 连接器端子的设计和仿真应用[C]. 中国的设计与创新学术会议论文集，2011：312－315.

⑥ 朱剑，高锦春，黎淑兰. 同轴插接器高频接触阻抗有限元分析[J]. 电工技术学报，2008，23(12)：65－69.

⑦ 林叶芳，江丙云，闫金金，等. 连接器端子件的结构分析及其优化研究[J]. 机械设计与制造，2015(9)：215－218.

⑧ 樊军伟. 腐蚀对电触点高频特性影响的分析[D]. 北京邮电大学硕士学位论文，2009.

⑨ 李勇，常天庆，李坤. 电连接器腐蚀失效对信号传输的影响[J]. 科技导报，2012，30(25)：63－67.

⑩ 徐金华，刘光斌，王凯. 总线连器转移阻抗快速测试研究[J]. 弹箭与制导学报，2009，29(5)：269－272.

对交流采样回路连接器接触阻抗方面。为降低连接器的故障率，提高连接器的可靠性，这里我们重点分析交流采样回路连接器的阻抗特性，通过 Matlab Simulink 建立交流采样回路接触阻抗模型，分析其对信号传输的影响，并提出一些实用性的建议。

2）接触阻抗等效模型

交流采样分压回路的等效电路图如图 12－8 所示，其中接触电阻 R_{41}，R_{42} 与 RC 滤波电路前端的匹配电阻 R_3 构成一个分压回路（图中虚线框部分所示）。

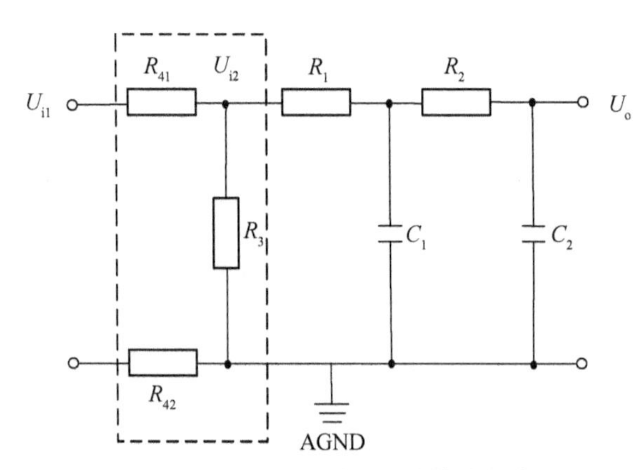

图 12－8　交流采样分压回路等效电路图

输出电压 U_o 与输入电压 U_{i1} 的关系公式为

$$U_o = U_{i2} = \frac{R_3}{R_{41}+R_{42}+R_3} U_{i1} \tag{12-1}$$

式中，$R_3 = 47.0\ \text{k}\Omega$。从式(12－1)可以看出，输出电压会随着接触阻抗的变化而变化。

3）仿真分析

（1）接触阻抗仿真模型

采用 Matlab Simulink 软件，依照图 12－8 搭建的交流采样回路接触阻抗仿真电路图如图 12－9 所示。其中，交流电压 U 的模拟输出为 1.76 V；母板模件的连接器端子之间的两个接触电阻分别为 R_{41}，R_{42}；CPU 模件的 A/D 采样回路前端为二阶 RC 滤波回路，其中 $R_1 = 8.6\ \text{k}\Omega$，$R_2 = 2.0\ \text{k}\Omega$，$C_1 = 5.6\ \text{nF}$，$C_2 = 3.3\ \text{nF}$。

根据输入电压 U_i 和输出电压 U_o，可得相对误差 ε 为

$$\varepsilon = \frac{U_i - U_o}{U_i} \times 100\% \tag{12-2}$$

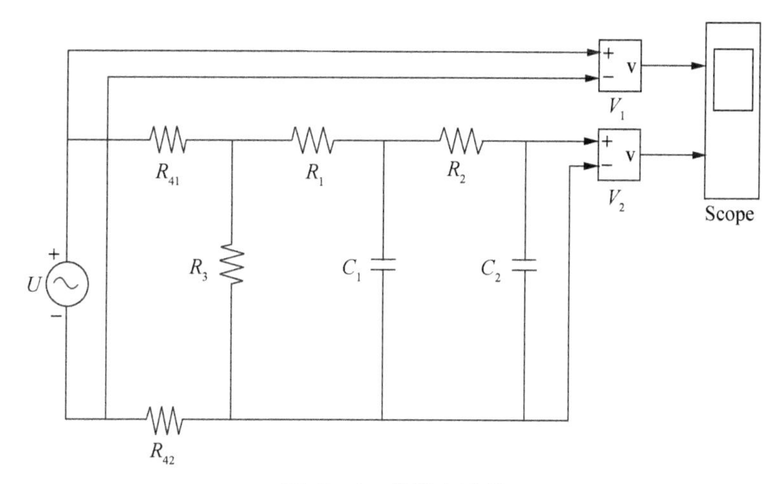

图 12-9 仿真电路图

(2) 接触阻抗变化分析

这里,我们根据 ε 的大小来评价接触阻抗变化对信号传输的影响。

① 接触阻抗为零的仿真分析

在理想的状态下,连接器的接触电阻为零。在仿真中取 $R_{41}=0.001\ \Omega$,$R_{42}=0.001\ \Omega$,仿真结果见表 12-1。因为 ε=0.057%,数值非常小,对输出影响的可以忽略不计。

表 12-1 仿真结果

	输入电压(V)	输出电压(V)	误差(%)
最大值	+1.7600	+1.7590	0.057
最小值	−1.7600	−1.7590	0.057

② 接触阻抗开路的仿真分析

在连接器端子开路的状态下,电路的接触阻抗为∞Ω。在仿真中接触电阻设为 100 MΩ,并对 R_{41},R_{42} 分别取极值进行仿真,即状态 1:$R_{41}=0\ \Omega$,$R_{42}=\infty\Omega$;状态 2:$R_{41}=\infty\Omega$,$R_{42}=0\Omega$;状态 3:$R_{41}=\infty\Omega$,$R_{42}=\infty\Omega$。状态 1~3 的仿真结果如表12-2 所示。从表中可以看出,当交流采样回路连接器在任一连接器端子开路时,输出电压接近 0 V,ε 值接近 100%,误差非常大,因此对输出电压值有着很大影响。

表 12-2 状态 1~3 的仿真结果

电压	状态 1	状态 2	状态 3
输入最大值(V)	+1.7600	+1.7600	+1.7600
输入最小值(V)	−1.7600	−1.7600	−1.7600

续表 12－2

电压	状态 1	状态 2	状态 3
输出最大值(V)	＋0.0008	＋0.0008	＋0.0008
输出最小值(V)	－0.0008	－0.0008	－0.0008
最大值误差(%)	99.900	99.900	99.900
最小值误差(%)	99.900	99.900	99.900

在连接器端子开路的状态下，状态 1、状态 2、状态 3 的仿真图形基本一致（如图 12－10 所示）。

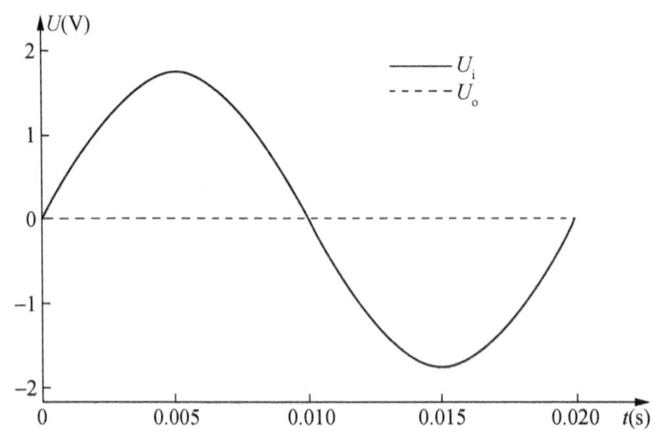

图 12－10　状态 1～3 的仿真波形图

③ 接触阻抗与匹配阻抗等值的仿真分析

当接触阻抗与匹配阻抗等值时，在仿真中将接触电阻和匹配电阻都取值为 47.0 kΩ。对以下三种状态进行仿真，即状态 4：R_{41}＝0 Ω，R_{42}＝47.0 kΩ；状态 5：R_{41}＝47.0 kΩ，R_{42}＝0 Ω；状态 6：R_{41}＝47.0 kΩ，R_{42}＝47.0 kΩ。状态 4～6 的仿真结果如表12－3所示。从表中可以看出，状态 4、状态 5 的 ε 值在 50%左右，状态 6 的 ε 值在 67%左右，误差大，对输出影响较大。

表 12－3　状态 4～6 的仿真结果

电压	状态 4	状态 5	状态 6
输入最大值(V)	＋1.7600	＋1.7600	＋1.7600
输入最小值(V)	－1.7600	－1.7600	－1.7600
输出最大值(V)	＋0.8760	＋0.8760	0.5830

续表 12－3

电压	状态 4	状态 5	状态 6
输出最小值(V)	－0.8760	－0.8760	－0.5830
最大值误差(%)	50.200	50.200	66.900
最小值误差(%)	50.200	50.200	66.900

当连接器端子中的任一端子与匹配电阻等值时(如状态 4、状态 5),其仿真图形基本一致(如图 12－11 所示)。

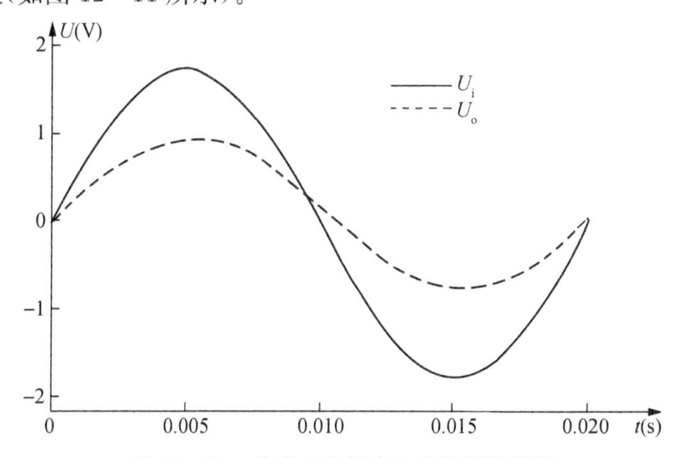

图 12－11　状态 4 和状态 5 的仿真波形图

当连接器两个端子都与匹配电阻等值时(如状态 6),其仿真图如图 12－12 所示。

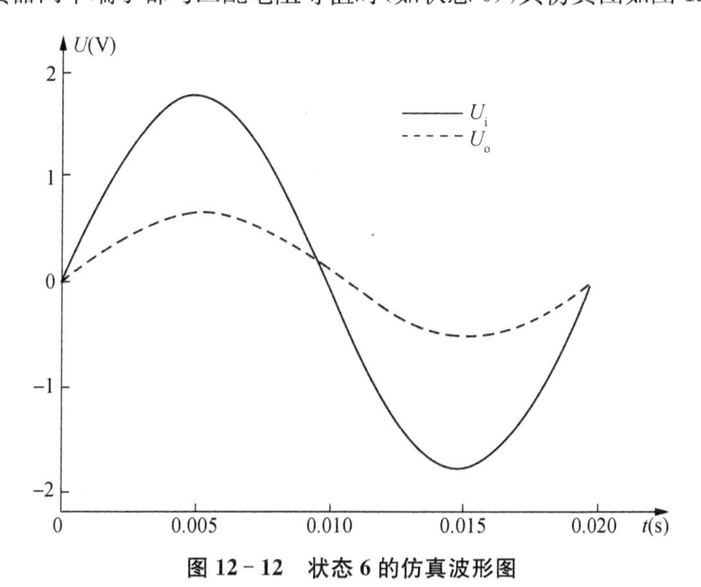

图 12－12　状态 6 的仿真波形图

从图 12 - 11、图 12 - 12 中可以看出，状态 6 波形变形更为严重，即当连接器端子的两端都出现接触阻抗变化时，对信号的传输质量影响更大。

12.2.3 连接器的输出

为了提高连接器传输信号的质量，需要确保连接器的一致性。在结构上，交流模件对应母板模件上的连接器插座，应安装紧固螺钉螺母，无滑丝，且连接器安装要规范；在工艺上，连接器插座内无堆锡，连接器插头、插座无污渍；在生产上，连接器的焊盘无虚焊。通过多方面的一致性检查，降低了连接器的失效率，提高了信号传输的质量，从而保证了出厂装置的合格率。

交流采样回路的连接器对交流信号传输质量的好坏起着关键作用。这里，我们通过分析交流采样回路的阻抗特性，采用 Matlab Simulink 软件搭建交流采样回路接触阻抗仿真模型，验证了连接器的接触阻抗变化对信号传输的影响，并提出了一些合理化建议，通过对出厂装置的一致性检查，提高了产品质量。

第六篇

附　录

本篇主要介绍智能变电站二次设备硬件开发行业中一些相关术语和标准，供行业类人员参考。其中：

附录一介绍相关术语、英文全拼及缩写；

附录二介绍相关标准。

附录一　术语、英文全拼及缩写

术语	英文全拼	英文缩写
交流电	Alternating Current	AC
模数转换器	Analog to Digital Converter	ADC
模/数	Analog/Digital	A/D
模拟输入	Analog Input	AI
ARM处理器	Advanced RISC Machine	ARM
材料清单	Bill of Materials	BOM
双极性晶体管	Bipolar Junction Transistor	BJT
控制器局域网络	Controller Area Network	CAN
共模抑制比	Common Mode Rejection Ratio	CMRR
中央处理器	Central Processing Unit	CPU
电流互感器	Current Transformer	CT
数/模	Digital/Analog	D/A
数模转换器	Digital to Analog Converter	DAC
直流电	Direct Current	DC
双倍速率同步动态随机存储器	Double Data Rate SDRAM	DDR
数字输入	Digital Input	DI
直接数字式频率合成器	Direct Digital Synthesizer	DDS
数字输入和输出	Digital Input and Output	DIO
数字输出	Digital Output	DO
数字信号处理	Digital Signal Processing	DSP
电子式电流互感器	Electronic Current Transformer	ECT
电子设计自动化	Electronic Design Automation	EDA
电快速瞬变脉冲群	Electrical Fast Transient/Burst	EFT/B

续表

术语	英文全拼	英文缩写
电磁兼容性	Electro Magnetic Compatibility	EMC
电磁干扰	Electro Magnetic Interference	EMI
电磁敏感度	Electro Magnetic Susceptibility	EMS
电子式电压互感器	Electronic Voltage Transformer	EVT
静电放电	Electro-Static Discharge	ESD
现场可编程门阵列	Field Programmable Gate Array	FPGA
面向通用对象的变电站事件	Generic Object Oriented Substation Event	GOOSE
通用输入/输出	General Purpose Input Output	GPIO
全球定位系统	Global Positing System	GPS
智能电子设备	Intelligent Electronic Device	IED
集成电路	Integrated Circuit	IC
集成电路总线	Inter Integrated Circuit	IIC
绝缘栅双极性晶体管	Insulated Gate Bipolar Transistor	IGBT
智能终端	Intelligent Unit	IU
人机界面	Human Machine Interface	HMI
液晶显示器	Liquid Crystal Display	LCD
发光二极管	Light Emitting Diode	LED
微控制单元	Micro Controller Unit	MCU
金属氧化物半导体场效应晶体管	Metal Oxide Semiconductor Field Effect Transistor	MOSFET
合并单元	Merging Unit	MU
光电耦合器	Optical Coupler	OC
印制板	Printed Circuit Board	PCB
面板	Panel	PNL
继电保护	Protective Relay	PR
电压互感器	Potential Transformer	PT
通用异步收发传输器	Universal Asynchronous Receiver/Transmitter	UART

续表

术语	英文全拼	英文缩写
测试时钟输入	Test Clock Input	TCK
测试数据输入	Test Data Input	TDI
测试数据输出	Test Data Output	TDO
测试模式选择	Test Mode Select	TMS
精简指令计算机	Reduced Instruction Set Computer	RISC
同步动态随机存取内存	Synchronous Dynamic Random-Access Memory	SDRAM
系统级芯片	System on a Chip	SoC
串行外设接口	Serial Peripheral Interface	SPI
采样值	Sampled Value	SV

附录二 标准

序号	标准号	标准名称
1	IEC 61000 - 4 - 1:2000	Electromagnetic compatibility(EMC)- Part 4 - 1: Testing and measurement techniques—Overview of IEC 61000 - 4 series
2	IEC 61000 - 4 - 2:2008	Electromagnetic compatibility(EMC)- Part 4 - 2: Testing and measurement techniques—Electrosatic discharge immuntity test
3	IEC 61000 - 4 - 3:2010	Electromagnetic compatibility(EMC)- Part 4 - 3: Testing and measurement techniques—Radiated, radio-frequency, elelctro-magnetic field immunity test
4	IEC 61000 - 4 - 4:2004	Electromagnetic compatibility(EMC)- Part 4 - 4: Testing and measurement techniques—Electrical fast transient/burst immunity test
5	IEC 61000 - 4 - 5:2005	Electromagnetic compatibility(EMC)- Part 4 - 5: Testing and measurement techniques—Surge immunity test
6	IEC 61000 - 4 - 6:2008	Electromagnetic compatibility(EMC)- Part 4 - 6: Testing and measurement techniques—Immunity to conducted disturbances, induced by radio-frequency fields
7	IEC 61000 - 4 - 8:2009	Electromagnetic compatibility(EMC)- Part 4 - 8: Testing and measurement techniques—Power frequency magnetic field immunity test
8	IEC 61000 - 4 - 9:2001	Electromagnetic compatibility(EMC)- Part 4 - 9: Testing and measurement techniques—Pulse and magnetic field immunity test
9	IEC 61000 - 4 - 10:2001	Electromagnetic compatibility(EMC)- Part 4 - 10: Testing and measurement techniques—Damped oscillatory magnetic field immunity test
10	IEC 61000 - 4 - 11:2004	Electromagnetic compatibility (EMC)- Part 4 - 11: Testing and measurement techniques—Voltage dips, short interruptions and voltage variations immunity test

续表

序号	标准号	标准名称
11	IEC 61000-4-12:2001	Electromagnetic compatibility (EMC)-Part 4-12: Testing and measurement techniques—Oscillatory waves immunity test
12	GB/T 17626.1—2006	电磁兼容 试验和测量技术 抗扰度试验总论
13	GB/T 17626.2—2006	电磁兼容 试验和测量技术 静电放电群抗扰度试验
14	GB/T 17626.3—2006	电磁兼容 试验和测量技术 射频电磁场辐射抗扰度试验
15	GB/T 17626.4—2008	电磁兼容 试验和测量技术 电快速瞬变脉冲群抗扰度试验
16	GB/T 17626.5—2008	电磁兼容 试验和测量技术 浪涌(冲击)抗扰度试验
17	GB/T 17626.6—1998	电磁兼容 试验和测量技术 射频场感应的传导骚扰抗扰度
18	GB/T 17626.7—2008	电磁兼容 试验和测量技术 供电系统及所连接设备谐波、谐间波的测量和测量仪器导则
19	GB/T 17626.8—2006	电磁兼容 试验和测量技术 工频磁场抗扰度试验
20	GB/T 17626.9—1998	电磁兼容 试验和测量技术 脉冲磁场抗扰度试验
21	GB/T 17626.10—1998	电磁兼容 试验和测量技术 阻尼振荡磁场抗扰度试验
22	GB/T 17626.11—1999	电磁兼容 试验和测量技术 电压暂降、短时中断和电压变化的抗扰度试验
23	GB/T 17626.12—1998	电磁兼容 试验和测量技术 振荡波抗扰度试验
24	GB/T 17626.13—2006	电磁兼容 试验和测量技术 交流电源端口谐波、谐间波及电网信号的低频抗扰度试验
25	GB/T 17626.14—2005	电磁兼容 试验和测量技术 电压波动抗扰度试验
26	GB/T 17626.17—2005	电磁兼容 试验和测量技术 直流电源输入端口纹波抗扰度试验
27	GB/T 17626.27—2006	电磁兼容 试验和测量技术 三相电压不平衡抗扰度试验
28	GB/T 17626.28—2006	电磁兼容 试验和测量技术 工频频率变化抗扰度试验
29	GB/T 17626.29—2006	电磁兼容 试验和测量技术 直流电源输入端口电压暂降、短时中断和电压变化的抗扰度试验
30	GB/T 14598.1—2002	电气继电器 第23部分:触点性能
31	GB/T 14598.2—2011	量度继电器和保护装置 第1部分:通用要求
32	GB/T 14598.3—2006	电气继电器 第5部分:量度继电器和保护装置的绝缘配合要求和试验
33	GB/T 14598.4—1993	电气继电器 第14部分:电气继电器触点的寿命试验 触点负载的优先值
34	GB/T 14598.5—1993	电气继电器 第15部分:电气继电器触点的寿命试验 试验设备的特性规范

续表

序号	标准号	标准名称
35	GB/T 14598.6—1993	电气继电器 第18部分:有或无通用继电器的尺寸
36	GB/T 14598.7—1995	电气继电器 第3部分:它定时限或自定时限的单输入激励量量度继电器
37	GB/T 14598.8—2008	电气继电器 第20部分:保护系统
38	GB/T 14598.9—2002	电气继电器 第22-3部分:量度继电器和保护装置的电气骚扰试验——辐射电磁场骚扰试验
39	GB/T 14598.10—2007	电气继电器 第22-4部分:量度继电器和保护装置的电气骚扰试验——电快速瞬变/脉冲群抗扰度试验
40	GB/T 14598.13—2008	电气继电器 第22-1部分:量度继电器和保护装置的电气骚扰试验——1 MHz脉冲群抗扰度试验
41	GB/T 14598.14—1998	量度继电器和保护装置的电气干扰试验 第2部分:静电放电试验
42	GB/T 14598.15—1998	电气继电器 第8部分:电热继电器
43	GB/T 14598.16—2002	电气继电器 第25部分:量度继电器和保护装置的电磁发射试验
44	GB/T 14598.18—2007	电气继电器 第22-5部分:量度继电器和保护装置的电气骚扰试验——浪涌抗扰度试验
45	GB/T 14598.19—2007	电气继电器 第22-7部分:量度继电器和保护装置的电气骚扰试验——工频抗扰度试验
46	GB/T 14598.26—2015	量度继电器和保护装置 第26部分:电磁兼容要求
47	GB/T 14598.27—2008	量度继电器和保护装置 第27部分:产品安全要求
48	Q/GDW 383—2009	智能变电站技术导则
49	Q/GDW 11015—2013	模拟量输入式合并单元检测规范
50	DL/T 282—2012	合并单元技术条件
51	Q/GDW 426—2010	智能变电站合并单元技术规范
52	Q/GDW 428—2010	智能变电站智能终端技术规范
53	DL/T 478—2013	继电保护和安全自动装置通用技术条件
54	Q/GDW 766—2014	10 kV～110 kV线路保护及辅助装置标准化设计规范
55	DL/T 1075—2007	数字式保护测控装置通用技术条件
56	GB/T 19862—2005	电能质量监测设备通用要求
57	GB/T 20840.7—1997	互感器 第7部分:电子式电压互感器

续表

序号	标准号	标准名称
58	GB/T 20840.8—2007	互感器 第8部分：电子式电流互感器
59	IEC 61850-9-1:2003	Communication networks and system in substations-Part 9-1: Specific Communication Service Mapping (SCSM)—Sampled values over serial unidirectional multidrop point to point link
60	IEC 61850-9-2:2011	Communication networks and systems in substations-Part 9-2: Specific Communication Service Mapping (SCSM)—Sampled values over ISO/IEC 8802-3